蓝色星球II

BLUE PLANET II

繁衍生息

［英］丽莎·里根 文　管靖 译

科学普及出版社
·北　京·

很多飞旋原海豚聚在一起，
形成一个海豚群。飞旋原海豚宝宝和
母亲十分亲近，它们在出生后的
头几年里都要依赖母亲。

目录

水中新生

大多数的鱼是由卵孵化而来的，雌鱼在水中产下大量的卵，而雄鱼会使这些卵受精。聚集在一起的鱼卵为很多生物提供了食物来源。鱼卵的数量非常多，哪怕有成千上万颗鱼卵被吃掉，也会有很多幸运儿顺利存活。

很多生物都在水中或水域附近安家。各种各样的鸟、爬行动物、哺乳动物，当然还有鱼，都依赖地球上的湖泊、河流和海洋生存。有些动物在水中分娩，而有些动物则会在干燥的陆地上产下幼崽，然后再去水中觅食。并不是所有动物都对后代关怀备至，有些可能会抛下刚出生的幼崽，让它们自生自灭。不过，还是有很多动物会尽其所能，让自己的宝宝拥有最美好的童年。

寻找“根”据地

红树林是一种生长在海岸潮间带的木本植物群落，其中很多植株的根形似高跷，可以在淡水中甚至咸水中存活。这些根纠缠在一起，有利于积存落叶和沉积物，形成一层富含营养物质的泥土，并在汹涌的海浪和脆弱的海岸线之间建立起一道天然的屏障。红树林还可以为幼小而脆弱的动物宝宝提供庇护，就像一个“托儿所”，柠檬鲨的宝宝就很喜欢待在那里。

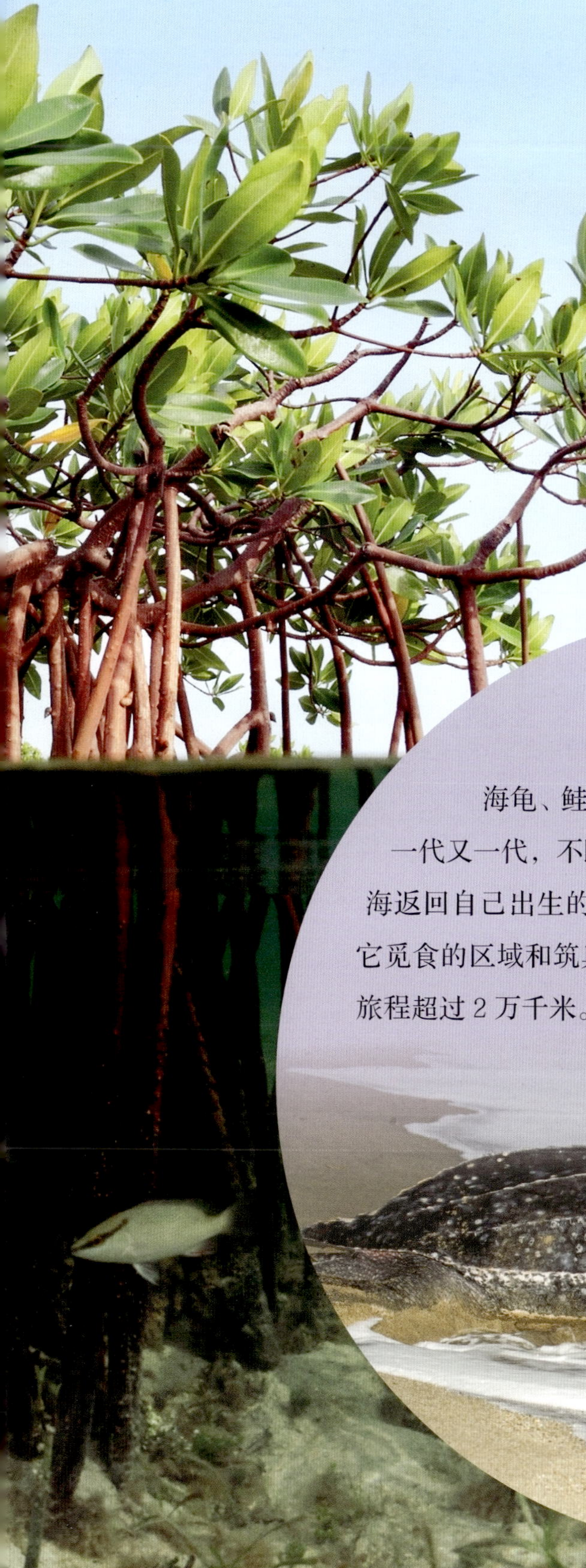

万里归途

海龟、鲑鱼等动物会回到它们出生的地方产卵，一代又一代，不断轮回。它们能游数千千米，从开阔的远海返回自己出生的海滩或河流。人们曾经追踪一只棱皮龟，它觅食的区域和筑巢产卵的海滩分别位于太平洋的两端，一趟旅程超过 2 万千米。

海象是哺乳动物，它们会离开水，到陆地上产崽。而有些海洋哺乳动物，比如鲸，就在水中完成交配和繁殖。

慈爱的“奶爸”

这种漂亮精致的生物是草海龙，生活在澳大利亚附近的海草场。草海龙几乎不会游泳，只能随波逐流，在水中一边漂荡一边吸食一些体形微小的生物。

草海龙身上长有叶状附属物，即附叶。这些附叶不是用来游泳的，而是用来伪装，帮助草海龙藏身在海草中的。

一开始，雄性草海龙与雌性草海龙聚在一起，进行交配。交配完成后，雌性草海龙会把抚育后代的重任交给雄性草海龙。雄性草海龙的尾部会形成一块海绵状的育婴囊，受精卵就被保存在那里，直到孵化。

受精卵孵化之前会依附在雄性草海龙身上大约 8 周时间。

为了让宝宝们有机会享用最好的食物，雄性草海龙会冒险前往开阔的海域，寻找一种极小的虾——糠虾，这些聚集在一起的糠虾是新生的草海龙宝宝最理想的食物。但来到开阔海域对于成年草海龙来说存在着巨大的风险，因为那里鲜少有海草，它们的伪装在那里会失去作用。

雄性草海龙身上携带的受精卵有时会被一层毛茸茸的绿色藻类覆盖。这对草海龙宝宝来说是个大麻烦，因为它们孵化时很难挣脱这些藻类。

草海龙

学名

Phyllopteryx taeniolatus

分类

鱼纲，刺鱼目，海龙科

分布

澳大利亚南部海域

体形

雄性体长为 20~40 厘米；雌性比雄性体长更长，颜色更深。

潜水课堂

抹香鲸幼崽可能需要6年时间才能学会潜水并尽可能深地下潜。

体形庞大的抹香鲸是一种族群观念很强的动物，它们群居生活。在一个抹香鲸群中通常有数头雌鲸照顾一只幼崽，成年抹香鲸都会关心和照顾抹香鲸幼崽，无论它是不是自己的孩子。

教幼崽潜水觅食是抹香鲸群的重要任务。抹香鲸是出了名的“深水潜水员”，有时会潜到水下1千米的地方寻找鱼类和枪乌贼。潜水时，幼崽先紧跟在母亲身边，不时地和母亲蹭一蹭、碰一碰，以求安心。但在水下大约300米时，幼崽就无法屏住呼吸了，不得不游回水面等待鲸群。有时，抹香鲸幼崽要等上1小时才能等到它们从深海返回。

什么是海洋哺乳动物？

鲸是海洋哺乳动物，生殖方式是胎生。幼崽依靠母亲获取食物，主要以母乳为食，长大后就可以吃其他食物了。

海洋哺乳动物虽然生活在海洋中，但它们有肺，并且呼吸空气。它们通常可以长时间屏住呼吸，但仍需要每隔一段时间浮出水面换气。鲸通过头顶的呼吸孔呼吸，有些鲸只有一个呼吸孔，有的则有两个。它们呼气时会喷出强有力的气流，在海浪中清晰可见。

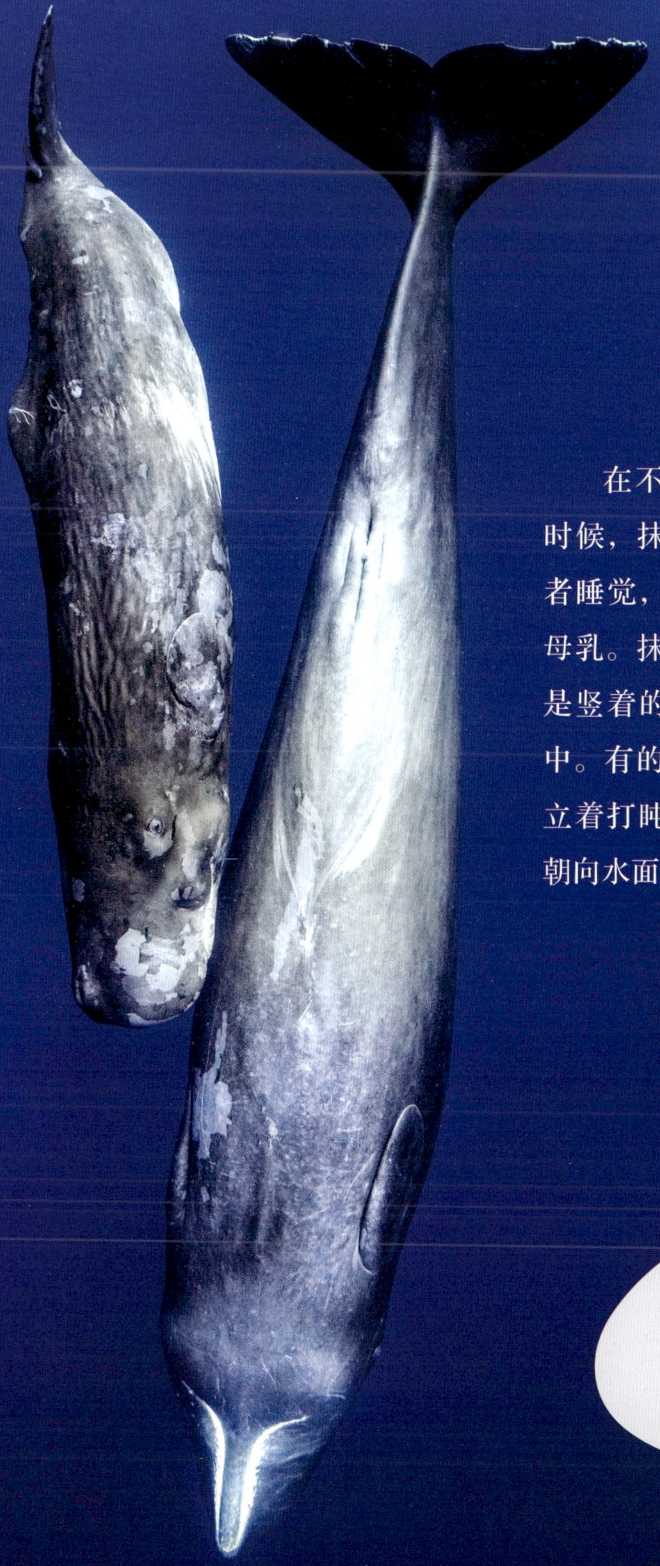

在不捕食也不洄游的时候，抹香鲸群会休息或者睡觉，而幼崽可以享用母乳。抹香鲸睡觉时身体是竖着的，仿佛悬挂在水中。有的抹香鲸头朝上直立着打盹，有的则是尾巴朝向水面。

一只饥饿的抹香鲸幼崽每天喝掉的母乳大概能装满一个浴缸。

嗷嗷待哺

这些身披黑白相间羽毛的海鸟是北极海鹦，它们一生通常只有一个伴侣。离开家的北极海鹦每年都会返回筑巢地，寻找上一次的交配对象。找到后，这对夫妇会相互摩擦色彩鲜艳的喙，以此来重修旧好。北极海鹦夫妇会把从前住过的洞穴清理干净，为今年产下的蛋准备一个新巢。

每对北极海鹦一次只产一枚蛋，它们会照顾这枚蛋，直到它孵化出雏鸟。北极海鹦雏鸟毛茸茸的，毛色深灰，喙和脚也是灰色的。刚刚破壳而出的雏鸟总是吃不饱，父母会轮流给它喂食。

在繁殖季节以外的时间里，北极海鹦会与伴侣分开，并在开阔的远海度过冬天。

北极海鹦通常把巢筑在悬崖边野草丛生的洞穴里，并在巢里铺满草和羽毛。

北极海鹦雏鸟每天要进食五次，每一次都要依靠父母辛苦的捕食。北极海鹦父母要飞行很远的距离，并潜入 40 米深的水下捕捉小鱼。然后，它们把小鱼叼在嘴里，带回来喂给雏鸟。

北极海鹦

学名

Fratercula arctica

分类

鸟纲，鸻形目，海雀科

分布

靠近北极圈的海域。冬季在海洋上，夏季在陆地上

体形

成年北极海鹦体长 26～36 厘米，翼展 47～63 厘米，体重 320～480 克。

不上岸的海獭

海獭生活在海洋里，大部分时间漂浮在海面上。海獭妈妈会在海水中产崽，也在海水中养育幼崽。它们会教幼崽如何游泳、潜水以及寻找食物。

大多数雌性海獭一次只产一只幼崽。海獭妈妈在水面上漂浮时会仰面躺着，把幼崽放在肚子上，以保证它安全、干燥。

起初，海獭幼崽以妈妈的乳汁为食，因此海獭妈妈必须摄入超过自己体重四分之一的食物，只有这样才能满足自身产奶的需求。渐渐地，海獭妈妈会让幼崽断奶，开始吃其他食物，如贻贝、蛤蜊、蟹类和海胆。

海獭幼崽要长到 5 到 8 个月大时才能照顾自己。

神秘的妈妈

这是鲸鲨，是地球上体形最大的鱼类。成年鲸鲨体重可达 20 吨，体长可达 20 米，相当于一架小型飞机的长度。人们对这些庞然大物的繁殖过程了解得并不多。科学家曾发现有大约 1 200 条雌性鲸鲨聚集在太平洋东部的科隆群岛（加拉帕戈斯群岛）附近，其中绝大部分腹部膨胀，看起来似乎已身怀六甲。

一条雌性鲸鲨一次可以产下多达 300 条幼鲨。

鲸鲨妈妈可能在深海分娩，所以人们几乎没有机会看到刚出生的小鲸鲨。科学家认为，新生的鲸鲨幼崽体长约 0.5 米，身上已经有了独特的白色斑点。不过，人们曾经数次目击稍稍长大一些的、体长 3 米左右的幼鲨。

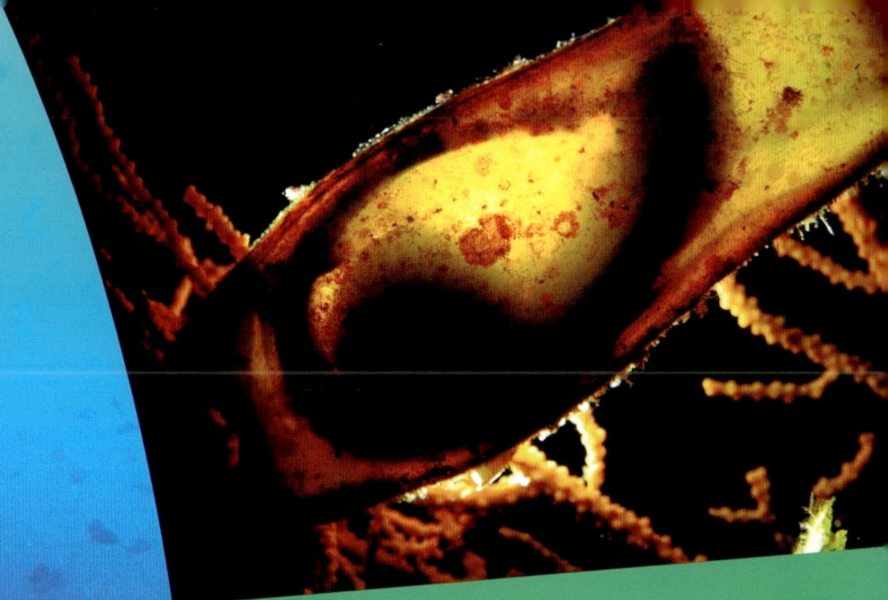

鲨鱼是怎样生宝宝的?

鲸鲨的生殖方式是卵胎生，这意味着受精卵会在鲸鲨妈妈体内发育，并且在母体内孵化出幼鲨，直到幼鲨长到一定大小后，鲸鲨妈妈再把幼鲨产出母体。

有些鲨鱼的生殖方式为卵生，这意味着这些鲨鱼会产卵，而幼鲨是在母体外孵化出来的。鲨鱼卵一般需要 6 到 9 个月的时间孵化，期间未成形的幼体从卵黄中获得营养物质。有些鲨鱼卵看上去就像黄色或棕色的皮革袋。

还有些鲨鱼的生殖方式为胎生，这些鲨鱼的宝宝在母体内的发育方式与哺乳动物相似，依靠脐带获得氧气和营养物质。与哺乳动物不同的是，幼鲨出生后可以直接游走，并且自食其力。

小宝宝，大块头

海象大多分布于北极地区，通常在隆冬时节繁殖。雌海象经历大约一年的孕期，产下一只幼崽。海象幼崽会和妈妈在一起生活至少三年，依赖妈妈提供的食物和保护。海象妈妈极其体贴，会温柔地呵护自己的孩子，保护它们免受北极熊、虎鲸等捕食者的伤害。

海象妈妈和它的幼崽可能会下水躲避北极熊，尽管北极熊是游泳健将，但海象游得更快。海象妈妈和海象宝宝会游到浮冰上，待在那里，耐心等待北极熊失去兴趣，去其他地方捕食。

扫码看视频

你知道吗？海象幼崽的体重与一些成年人相当！一只新生的海象幼崽可重达 75 千克。

海象

学名

Odobenus rosmarus

分类

哺乳纲，食肉目，海象科

分布

北极圈附近

体形

成年海象体长 2.3~3.6 米，体重 400~1 800 千克；雌性体形比雄性小。

特征

身体又大又长，头颈部宽；皮肤坚硬、多褶皱；有两对鳍肢；有两根发达的犬齿。

海象身上有一层厚厚的皮下脂肪，可以帮助它们抵御严寒。由于这层脂肪太厚，影响了海象的触觉，因此海象妈妈另辟蹊径，通过触碰幼崽敏感的胡须这种独特的方式来安抚幼崽，这种方法被称为“吻胡子”。

什么是鳍足动物？

鳍足动物是一类四肢为鳍状的海洋哺乳动物，包括海象、海豹和海狮。它们的体形很像鱼雷，这种流线型身体可以让它们在水中畅行无阻，但到了陆地上，它们就只能笨拙地移动了。

鳍足动物都依靠鳍肢移动，但不同种类的鳍足动物前进的方式有所不同：海狮用前肢在水中快速游动，而海豹和海象游动时大多靠后肢推进。

鳍足动物的鼻子中有可以闭合的瓣膜。有些鳍足动物生有小小的耳朵，有些鳍足动物的耳朵没有耳郭，只有耳孔。鳍足动物面部有敏感的胡须，可以帮助它们在水下寻找猎物。所有鳍足动物都是肉食性的，它们的食物来源多种多样，从微小的磷虾到包括企鹅在内的大型海鸟。

为繁衍而战

这些长相古怪的鱼是隆头鹦嘴鱼，栖息于珊瑚礁，以珊瑚为食，晚上会躲进洞穴或沉船残骸中。一旦到了交配季节，它们就会冒着巨大的风险，聚集在空旷的珊瑚礁边缘，来寻找机会。

这种鱼有时也被称作隆头鹦哥鱼。

雄性隆头鹦嘴鱼会把自己额头上巨大的骨质隆起当作进攻的武器，与其他雄性争斗，以争夺交配权。最强壮、最优秀的雄性隆头鹦嘴鱼最终胜出，并与雌性隆头鹦嘴鱼配对。

准备进行交配的一对隆头鹦嘴鱼会面对面地游向水面。雌鱼产下鱼卵，雄鱼则释放精子使鱼卵受精。这些受精卵将随着水流漂走，随后孵化成幼鱼。幼鱼可以以水面附近的浮游生物为食。几个星期后，幼鱼会游往红树林，在那里相对安全的环境中长大（见第5页）。

隆头鹦嘴鱼交配和
产卵的时间通常受月相
变化的影响。

最后一搏

漂泊信天翁大部分时间都在海上觅食，当繁殖期到来时，它们必须找到干燥的陆地，筑巢并养育雏鸟。这段时间，分开数月的漂泊信天翁夫妇终于再次相聚。

扫码看视频

漂泊信天翁与伴侣相聚时，会面对面张开翅膀，发出“嘎嘎”的叫声，还会啄伴侣的颈部，用喙发出“嗒嗒”的声响。

这只漂泊信天翁雏鸟身上长着厚厚的白色羽毛。

一对漂泊信天翁伴侣一生中可能会养育大约20只雏鸟。研究人员（如图中这位）在对一对年迈的漂泊信天翁伴侣进行研究时发现，这对伴侣似乎知道这次交配将是它们的最后一次，因此竭尽全力确保它们珍贵的最后一只雏鸟能够存活下来。为了给雏鸟寻找食物，它们比以往任何时候飞得都远，甚至为了雏鸟的一餐不惜飞行数千千米。

地球警报

塑料垃圾是地球面临的一个巨大威胁。研究人员认为，每一分钟都有能装满一辆大型垃圾车的塑料垃圾流入海洋。信天翁会把这些塑料垃圾误认作食物，要么将其喂给雏鸟，要么自己吃下去，它们会因塑料堵塞内脏而死亡。

雪中幼兽

一般情况下，北极熊过着独居生活，它们独自游荡在冰面上和海洋里，捕猎、进食、睡觉。然而，人们曾经观察到北极熊与幼崽们在一起玩耍的场景，几头北极熊分食一具尸体的场景也并不罕见。当然，它们的交配期也不是独自度过的。

在交配季节，雄性北极熊会追踪准备好繁殖的雌性北极熊发出的气味。如果附近有多只雄性北极熊，那么它们会争夺与雌性北极熊交配的权利。获胜的雄性北极熊与雌性北极熊一起度过交配期，然后才离开它，再去寻找其他雌性北极熊。

洞穴外的气温可能低至零下 30 摄氏度。

雌性北极熊一旦怀孕，就需要在雪地里挖一个洞穴，为分娩和保护新生幼崽做准备。在北极酷寒的冬季，雌性北极熊将在洞穴里休息，并且通常在 12 月至次年 1 月间产下幼崽。大多数北极熊一次会产下 1～2 只幼崽，但有时也可能产下 3 只。

起初，北极熊幼崽只以妈妈的乳汁为食，渐渐地，北极熊妈妈开始带着幼崽探索洞穴之外的世界。幼崽长到足够大的时候，就可以进入更广阔的天地，准备学习捕猎、游泳等技能了。北极熊妈妈通常会照顾幼崽两年时间，有时还会更长。

生命的轮回

这是丽龟，是海龟的一种。成年丽龟大部分时间都生活在茫茫的远洋中，但怀孕的雌性丽龟会游上几百千米，回到它们出生的那片海滩。这些丽龟准妈妈将在短短几天内陆续上岸，在海滩上产下它们的蛋，为生命的代代相传种下希望。

成千上万只怀孕的雌性丽龟会集体上岸产卵，在这个过程中，雌性丽龟的身体会承受极大的痛苦。

与大多数种类的海龟相比，丽龟的体形较小。它们的筑巢地分布在世界上很多地方。

丽龟在大海中行动敏捷，但它们并不擅长在陆地上移动，只能拖着沉重的身体在沙滩上缓慢爬行。没有浮力的支撑，身体的压力会施加在内脏上，这让它们非常痛苦。

海龟

一只雌性丽龟一次能产下多达100 枚蛋。产下蛋后，雌性丽龟会用沙子将这些蛋掩盖好，然后才会拖着疲惫的身体返回水中。

来到这片海滩产蛋的雌性丽龟数量太多，到最后，这里会留下数千万枚丽龟蛋。其中有一些能够存活下来，并孵化出小丽龟，但还有很多会被鸟类和南美浣熊等捕食者吃掉。而它们最大的敌人也许是自己的同类，因为晚到的雌性丽龟可能会把早到的雌性丽龟产下的蛋挖出来。

丽龟蛋孵化后，小丽龟必须想办法到达大海，并且避免在途中被捕食者吃掉。即使到了浅水区，它们仍有被捕食的危险。

扫码看视频

大型“托儿所”

在大西洋南部的南乔治亚岛上，一群毛茸茸的棕色王企鹅雏鸟出生了。在世界上所有的王企鹅栖息地中，南乔治亚岛上的王企鹅数量最多，大约有 15 万对王企鹅在这座岛上的圣安德鲁斯湾海滩上筑巢。而岛上其他地方的王企鹅数量甚至更多，可能有大约 45 万对王企鹅伴侣以及它们的雏鸟。

一对王企鹅伴侣每次孕育一枚蛋。

王企鹅是体形第二大的企鹅种类，仅次于帝企鹅。王企鹅和比它们更高的帝企鹅一样，并不通过筑巢来安放它们的蛋，而是把蛋放在自己的脚上，直至孵化。这一过程需要大约 54 天的时间。王企鹅雏鸟破壳而出后也会赖在父母的脚上取暖。

王企鹅雏鸟长到大约 6 周大的时候，会聚集到一起，就像一个大型“托儿所”。当父母出海寻找食物时，雏鸟们全都挤成一团，既可以取暖，又相对安全。父母觅食归来后，会把已经吃下去的食物吐出来喂给雏鸟，雏鸟就凑到父母嘴边，狼吞虎咽地吃着“海鲜大餐”。

扫码看视频

王企鹅

学名

Aptenodytes patagonicus

分类

鸟纲，企鹅目，企鹅科

分布

南极大陆及附近岛屿

体形

成年王企鹅身高为 85~95 厘米，体重为 14~17 千克。

企鹅为什么要换羽？

换羽是成年企鹅每年都要经历的过程。企鹅蜕去身上磨损的旧羽毛，换上闪亮的新羽毛，整个过程持续半个月到一个月。企鹅雏鸟也会换羽，它们蜕去周身蓬松的绒羽，换上和成年企鹅一样光洁的黑白羽毛。

王企鹅身上生有四层羽毛，用来保暖和防水。为了长出健康的新羽毛，它们必须把这四层羽毛全部蜕掉，这一颠覆性过程被称为“灾难性换羽”。其他鸟类也会换羽，但它们的换羽过程远没有王企鹅那么“天翻地覆”，每次只换几根羽毛。

换羽期间，王企鹅不能游泳，也不能潜水觅食。它们不得不忍饥挨饿，直到光滑的新羽毛长出来之后才能重新开始海上生活。因此，为了加快换羽进程，王企鹅会用喙和爪子抓挠旧羽毛，使其脱落。

北京市版权局著作权合同登记　图字：01-2024-3668

图书在版编目（CIP）数据

蓝色星球．Ⅱ．繁衍生息 /（英）丽莎・里根文；管靖译．-- 北京：科学普及出版社，2025. 1. -- ISBN 978-7-110-10769-0

I. P7-49

中国国家版本馆 CIP 数据核字第 202481BA13 号

总 策 划：秦德继	**封面设计**：张　茁
策划编辑：周少敏　李世梅　马跃华	**版式设计**：金彩恒通
责任编辑：李世梅　王一琳　边二华　郭春艳　阎晓慧	**责任校对**：邓雪梅
助理编辑：王丝桐　刘　岩	**责任印制**：李晓霖

出版：科学普及出版社	**邮编**：100081
发行：中国科学技术出版社有限公司	**发行电话**：010-62173865
地址：北京市海淀区中关村南大街 16 号	**传真**：010-62173081
网址：http://www.cspbooks.com.cn	

开本：787mm×1092mm　1/12	
印张：24	**字数**：480 千字
版次：2025 年 1 月第 1 版	**印次**：2025 年 1 月第 1 次印刷
印刷：北京世纪恒宇印刷有限公司	

书号：ISBN　978-7-110-10769-0 / P・244　　**定价**：280.00 元（全 8 册）

（凡购买本社图书，如有缺页、倒页、脱页者，本社销售中心负责调换）

Picture credits:

Front cover, 5m, 6, 22-23, 27t, 33 Copyright BBC 2017;
10 Copyright Tony Wu;
11l Copyright Franco Banfi;
13br Photograph by Miles Barton copyright BBC NHU 2017;
18-19 Photograph copyright Simon Pierce;
20-21 Photograph by Jonathan Smith copyright BBC NHU 2017;
26 Photograph copyright Chris Fallows;
27b Photograph copyright John Dickens;
30 Photograph by Dan Beecham copyright BBC NHU 2017
All other images copyright © BBC, 2017
with the exception of the following images which are courtesy of Shutterstock.com:

2 Lance Sagar; 4 Joost van Uffelen; 5b Agami Photo Agency; 8 Dirk van der Heide; 14-15 LouieLea; 16-17 Linda Burek; 17t robertharding; 19t Osman Temizel; 21tl Byron Layton; 21tr Mikhail Cheremkin; 24r Divelvanov; 25 Rich Carey; 28 GUDKOV ANDREY; 29t Elena Birkina; 29b GTW; 31t JHVEPhoto; 31b Chatchantharangsee; 32bl Guillermo Ossa; 32tr RealityImages; 34t Jo Crebbin; 34br Roger ARPS BPE1 CPAGB; 35tr Julie Scully; 35c Mary Ann McDonald; 35bl Ondrej Prosicky

Every effort has been made to trace the copyright holders and obtain permission to reproduce this material. Please do get in touch with any enquiries or any information relating to this image or the rights holder.

蓝色星球II

BLUE PLANET II

群居共生

[英]丽莎·里根 文　管婧 译

科学普及出版社
·北　京·

很多鱼类都会聚集成群，彼此紧挨着游动。这种游动方式不仅省力，还能帮助鱼群共同抵御捕食者的攻击和寻找食物。这幅图片展示的就是澳大利亚大堡礁附近的一群条斑胡椒鲷。

目录

全体集合

鱼群、鲸群、海鸟群、水母群、企鹅群……数量众多的动物聚集在一起，构成了大自然中蔚为壮观的景象。

在繁殖季节，澳洲鲣鸟会大量聚集。在新西兰，这种场景尤为壮观，聚集在一起的澳洲鲣鸟成千上万。

互相帮助

不同种的生物之间也会建立起联系，为了彼此的利益生活在一起。右图中这些色彩鲜艳的小鱼就聚集在海龟周围，啃食龟壳上的藻类——小鱼得以美美地饱餐一顿，海龟也因此变得更加清爽。

这种不同生物紧密联系、共同生活的现象叫作共生（见第 26 页）。

团结就是力量

对于不同物种而言，集体生活的好处不尽相同，比如能够更好地抵御捕食者，更便于找到配偶来繁衍后代，或者更容易找到食物。一些聪明的生物还会互相交流策略、协调行动，合作捕猎。海洋生物甚至会跨物种合作，以提高捕猎的成功率。

近海鲨鱼

世界上有 9 种双髻鲨，它们都有着极宽的头部和眼距，非常独特。夏天，很多种双髻鲨都会聚集成群，洄游到更凉爽的水域。

在距离美国佛罗里达州棕榈滩海岸仅百米的近海，聚集着约 1 万只鲨鱼，它们前来捕食同样聚集在这里的鲻鱼和扁鲹。这群鲨鱼中大部分是直齿真鲨和黑边鳍真鲨，它们的到来又会引来更大型的捕食者——无沟双髻鲨。

双髻鲨的受精卵在母体内发育，
随后雌性双髻鲨会产下成形的幼鲨。
无沟双髻鲨一次可产下数十只幼鲨。

无沟双髻鲨是体形最大的双髻鲨。它们跟随着黑边鳍真鲨和直齿真鲨的洄游鱼群，寻找鱼群边缘容易捕获的落单者。

地球警报

无沟双髻鲨被列为极危物种，这意味着它们灭绝的概率非常高。造成这种后果的主要原因是过度捕捞：人们会捕捞无沟双髻鲨来吃，有时还会专门割下它们的鳍，再把残缺的身体扔回大海，让它们悲惨地死去。

无沟双髻鲨

学名

Sphyrna mokarran

分类

软骨鱼纲，真鲨目，双髻鲨科

分布

温暖的近海水域

体形

平均体长 4 米，最长可达 6 米；平均体重 230 千克。

无沟双髻鲨捕食多种动物，包括鳐鱼、硬骨鱼、其他鲨鱼、枪乌贼以及甲壳动物。

白边侧牙鲈和海鳝可以结成同盟，合作捕猎。

合作共赢

某些鱼类具有惊人的计划和合作能力，鮨科的一些鱼就是其中的典型代表。它们知道如何与其他生物合作，使双方都能从中获益。

在红海，人们曾经观察到青星九棘鲈与海鳝同游。青星九棘鲈会跟在海鳝后面，当海鳝挤进狭小的空间捕捉藏匿其中的猎物时，它们就在外面开阔的地方等着吃逃出来的小鱼。虽然这种两面夹击的捕猎方式提高了成功率，但并不是所有的海鳝都愿意合作。青星九棘鲈需要分辨哪些海鳝是可以共事的捕猎伙伴，哪些不是。

豹纹鳃棘鲈也会和其他动物合作，捕捉原本抓不到的猎物。左图中这只豹纹鳃棘鲈发现了一只藏在缝隙中的小鱼，于是它将身体倒立，头指向小鱼的藏身之处。它甚至将自身的颜色变浅，摇头示意自己有新发现。

随后，它的“队友”章鱼开始行动。章鱼灵活的腕可以探进缝隙，把里面的小鱼赶出来。如果章鱼没有及时追过去，豹纹鳃棘鲈就能抢先抓到猎物。

扫码看视频

神秘集会

芒基蝠鲼是一种鲼科鱼类。它们会大量聚集，组成世界上最大、最壮观的蝠鲼群。至于芒基蝠鲼大量聚集的原因，科学家尚未确定。

芒基蝠鲼的胸鳍展开后，宽可达 3 米。

芒基蝠鲼主要以糠虾为食。每年的特定时节，它们都会聚集在太平洋东部的近海觅食，数量成千上万，非常壮观。有人认为芒基蝠鲼聚集在一起是为了交配——它们跃出水面，落水时发出巨大的声响，可能是为了展示自己的体形和力量，以吸引异性。

芒基蝠鲼的“空中杂耍”非常精彩，所以它们有时被昵称为“飞天鳐”。

水母之兴

水母大多是透明的，它们的身体几乎完全由水构成，能与周围的海水融为一体，因此很难被发现。能被看到的只有它们模糊的身体轮廓和用来繁殖的环形生殖腺。有些水母会呈黄色、紫色、粉色或橙色。

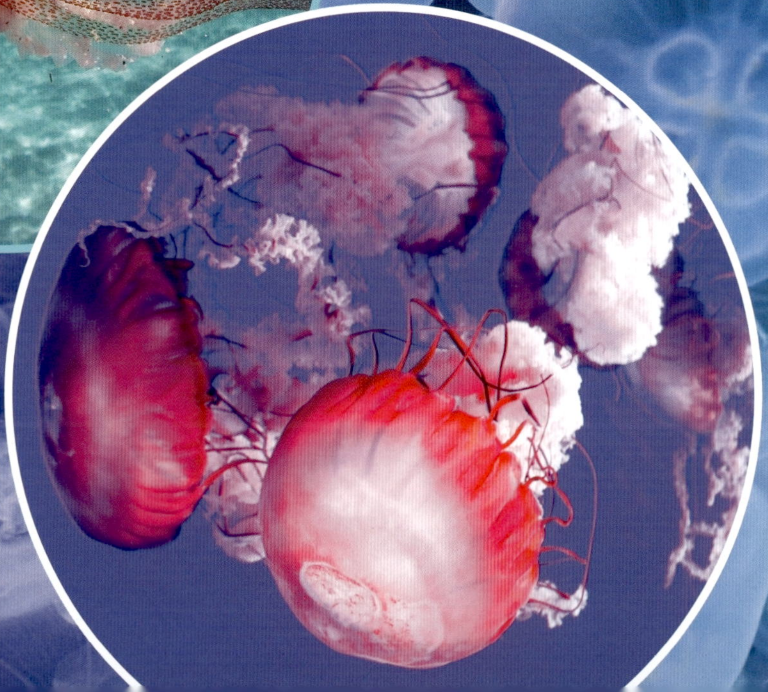

水母看起来像是在随波逐流，但其实它们能够自主决定游动的方向，并季节性地聚集成群。数十亿只水母会聚集在一起，形成几米深、绵延几千米的“水母潮”。

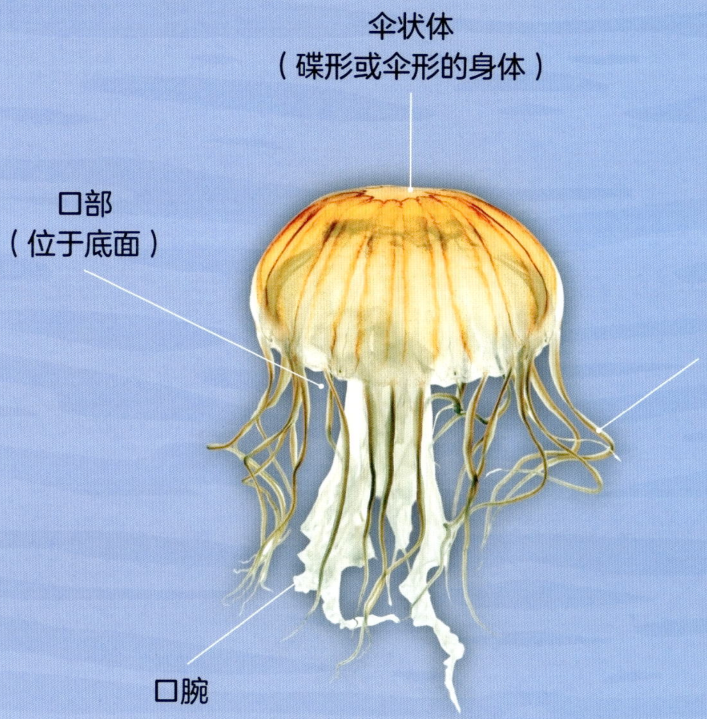

水母

地球警报

多种环境因素正在导致水母数量激增。对鱼类的过度捕捞导致水母的竞争者减少，人类活动导致海水中营养物质增加，使水母可以吃到更多的食物。海水温度上升进一步促进水母大量聚集，从而造成“水母暴发”。

什么是水母？

水母是一群简单却迷人的生物，它们能在特定光线下反射出美丽的光。水母的身体成分大约 97% 是水，其伞状体直径大多为 1～40 厘米，最大的水母伞径可达 2 米，触手长达 15 米。

水母有着所有多细胞动物中最原始的神经系统。它们没有大脑，但具有“神经网”，使它们能感知自身的朝向、光线的明暗以及周围的水中有什么东西。

水母是食肉动物，它们用带有刺细胞的触手捕食鱼、虾、螃蟹和其他水母。即便在水母死后，它们的触手依然具备螯刺能力。不过，体形较小或触手较短的水母的螯刺通常不会对人类构成危险。

水母是地球上最常见的生命形式之一。

超级飞旋

飞旋原海豚之所以拥有这样的名字，是因为它们会跃出水面，做出优雅的转体动作，再落回海里。数量众多的飞旋原海豚聚集在一起，组成异常壮观的海豚群。

飞旋原海豚集体捕猎。它们捕猎技术高超，在大海中飞速穿梭，寻找鱼群。其他海洋动物会跟随它们一起捕猎，好省些力气。黄鳍金枪鱼就是其中之一，不过由于海豚游动的速度非常快，只有强壮的成年金枪鱼才能跟上它们。

人们在哥斯达黎加附近拍摄到了有记录以来最大的飞旋原海豚群。这个海豚群由两个海豚群合并而成，约有 3 000 只飞旋原海豚。

海豚

拥挤的海滩

如果你想目睹壮观的动物集群，那么大西洋南部的南乔治亚岛一定不会让你失望。世界上最大的王企鹅繁殖群之一就生活在这里，还有成千上万只南象海豹聚集在这里的海滩上。

南象海豹在水中觅食，在陆地上繁殖。优势雄性海豹会拥有一个由雌性海豹组成的“后宫”，为了捍卫自己的领地和交配权，它们必须与其他雄性海豹搏斗，有时甚至会厮杀到血流成河。

南象海豹

学名

Mirounga leonina

分类

哺乳纲，鳍足目，海豹科

分布

南极洲周边岛屿

体形

体长可达 6.2 米；体重可达 4 000 千克；雄性比雌性大得多。

特征

体形庞大，灰褐色的皮肤下有一层厚厚的脂肪；雄性长着肉乎乎的大鼻子，可以胀大，以此吸引雌性和发出声音。

雄性海豹厮杀的战场也是王企鹅繁殖的地方。王企鹅父母在海滩上孵育它们的蛋，直到蛋孵化出雏鸟，它们才会去海里觅食。为了给自己的孩子带回食物，王企鹅要穿越成千上万只海豹组成的“脂肪路障”。

仅在南乔治亚岛的圣安德鲁斯湾，就有约 15 万对王企鹅筑巢，而这里只是岛上众多海滩之一。

扫码看视频

团队合作

虎鲸遍布全球大多数海域。它们会游到浅水区，但也喜欢在广阔的海洋中嬉游。科学家发现，虎鲸可以分为不同的生态型，不同生态型的虎鲸捕食的猎物不同，捕猎的方式也不同。

虎鲸会团队合作，来提高捕猎的效率。在捕鱼时，虎鲸会像牧羊犬驱赶羊群一样，将鱼围成紧密的一群，再迫使鱼群向上游到水面处，然后一边互相呼唤着一边绕着鱼群游动。它们的这种捕猎方式被称为“旋转木马猎食法”。

雄性虎鲸的背鳍高达 1.8 米，雌性虎鲸的背鳍则较矮、较弯曲。

生活在南极海域的虎鲸则采用另一种团队捕猎战术。一群虎鲸列队围绕着浮冰游动，制造波浪。当足够靠近浮冰时，它们便猛地扎入水中，制造出更大的波浪，将浮冰上的海豹冲进海里。

虎鲸群还会捕食世界上体形最大的动物——蓝鲸。它们会骚扰蓝鲸长达一小时，然后排成一列，把蓝鲸压入水下，攻击其脆弱的头部。

人们认为，成年虎鲸不仅会教它们的幼崽捕猎技能，还会提醒幼崽警惕人类和船只。虎鲸群内部的联系非常紧密，它们总是集体行动，而非单打独斗。

虎鲸

和谐共居

鞍斑双锯鱼（又名鞍背小丑鱼）生活在印度洋—太平洋海域温暖、清浅的潟湖和珊瑚礁水域中。它们把家安在其他鱼类避之不及的地方——地毯海葵带刺的触手之间。这些小鱼和地毯海葵之间是典型的互利共生关系。

扫码看视频

什么是共生？

不同生物共同生活，相互之间不断发生某种联系，这种现象被称为共生。根据彼此间的利益关系，共生关系可大致分为三种类型：互利共生、共栖和寄生。

鞍斑双锯鱼和地毯海葵之间的关系属于互利共生，即双方都能从中受益。互利共生的另一个典型例子是裂唇鱼和珊瑚礁鱼：裂唇鱼以珊瑚礁鱼身上的寄生虫和死亡组织为食，珊瑚礁鱼则因此得以保持清洁和健康。

有些物种之间是共栖关系（又称偏利共生），即只有单方受益。一方为另一方提供居所，虽然不会因此受到伤害，但也不会从中受益。例如象鼻岩虾爬到海参身上，海参并不受其影响，而象鼻岩虾却能“搭便车”，毫不费力地在海底移动。

寄生关系则更加险恶。在这种关系中，寄生生物以宿主的身体为家，但会对宿主造成伤害。一些等足虫类寄生生物会缠上某些鱼类，它们先吃掉鱼的舌头，然后取而代之，生活在鱼的口中，吃掉鱼的食物。

海葵为鞍斑双锯鱼提供了一个安全的家，用触手将这些小鱼的天敌阻挡在外；同时，它们还为这些小鱼提供了现成的食物——生活在海葵上的小型无脊椎动物。而鞍斑双锯鱼也不会白白住在这里，它们可以吓跑靠近海葵的其他鱼类，它们的粪便也能为海葵提供养分。

蝴蝶鱼等珊瑚礁鱼类会啃食海葵的触手，而鞍斑双锯鱼可以保护海葵免受其害。

热门目的地

对于某些物种来说，七月的南海峡是理想的目的地。届时，成千上万只清水石斑鱼会来到这里产卵，这意味着数百只钝吻真鲨会被吸引来捕食清水石斑鱼，而这些钝吻真鲨又将成为潜伏在附近的无沟双髻鲨的猎物。

对于清水石斑鱼来说，法属波利尼西亚的清澈水域是仅存的几处产卵地之一。

这出“螳螂捕蝉，黄雀在后”的戏码发生在太平洋南部法属波利尼西亚的法卡拉瓦环礁。南海峡是连接环礁中央潟湖与开阔海域的狭窄通道。随着潮汐的涨落，水流冲过南海峡，将清水石斑鱼的受精卵冲进辽阔的大海。

南海峡不过百米宽，却聚集着 17 000~20 000 只清水石斑鱼。雌性石斑鱼肚子里装满了卵，鼓鼓囊囊，十分容易辨认。一些石斑鱼会落入鲨鱼口中，但更多的石斑鱼能活下来，从而保持着物种间的自然平衡。

地球警报

人类也能通过恰当的捕鱼方式维护自然平衡。与其他地方的过度捕捞形成鲜明对比的是，在法属波利尼西亚，仅有 10 位渔民进行捕捞作业，捕捞的鱼仅限于满足当地的食用需求。这种捕捞方式使石斑鱼和鲨鱼的数量都得到了保护。

集体冲浪

冲浪爱好者会在适当的时节涌向他们心仪的海滩，以追求最佳逐浪体验；而宽吻海豚也会成群结队地来到海岸附近，有时多达 100 只，排着队等待，准备乘风破浪。

科学家并不清楚海豚究竟为何冲浪——它们似乎仅仅是为了“好玩”，就像人类一样。

扫码看视频

海浪因何而起？

海浪是由风吹过海面产生的。海浪可起于远海，也可起于近岸。有时，山体滑坡或地震也会引起海浪。

当风吹过海面时，会在海面上形成涟漪。风持续地吹，涟漪便会变大，形成海浪。如果风吹得更快、更远或更久，形成的海浪就会更大。海浪会从它们形成的地方不断向前传播，直到遇到能阻止它们的东西，比如一片海滩。所以，即使你所处的位置没有风，你也可能遇见海浪。

随着海浪逐渐接近海岸，海水逐渐变浅，海浪的底部会与海床发生摩擦，速度变慢。而海浪顶部还保持着原有的速度，这就使得海浪变高、前倾，最终破碎，浪花飞溅。

盛大聚会

抹香鲸是群居动物。一个鲸群通常有 15~20 头抹香鲸，由雌鲸和它们的幼崽组成。科学家研究了不同地区的鲸群，发现它们一般不会互相打扰或者混杂在一起。

然而，研究人员惊讶地发现，抹香鲸群有时也会聚在一起，进行社交活动，就像人们参加派对一样。在斯里兰卡附近，人们曾拍摄到一个超级鲸群，多达 300 头抹香鲸“欢聚一堂”。

抹香鲸会通过发出咔嗒声来相互交流。至于参与这次聚会的抹香鲸是在闲聊，还是在讨论更重要的话题，比如去哪里捕食或寻找配偶，我们不得而知。不过，拍摄下这次聚会的潜水员说，抹香鲸在水中发出的声音非常大，他们的身体都不由得随之颤动。

抹香鲸是世界上体形最大的有齿捕食者。

抹香鲸

学名

Physeter catodon

分类

哺乳纲，鲸偶蹄目，抹香鲸科

分布

全球海域，通常在深海和广阔的远海

体形

平均体长 16 米，最长可达 20 米；体重可达 57 000 千克；雌性体形比雄性小。

北京市版权局著作权合同登记　图字：01-2024-3668

图书在版编目（CIP）数据

蓝色星球．Ⅱ．群居共生 /（英）丽莎·里根文；管靖译．-- 北京：科学普及出版社，2025．1．-- ISBN 978-7-110-10769-0

Ⅰ. P7-49

中国国家版本馆 CIP 数据核字第 2024QR2777 号

Picture credits:

Front cover: lego 19861111
12, 35t Photograph copyright Franco Banfi;
21t Photograph copyright Justin Hofman;
32 Photograph by Steve Benjamin copyright BBC NHU 2016;
21b, 28, 31tl, 35b Copyright BBC 2017;
All other images copyright © BBC, 2017
with the exception of the following images which are courtesy of Shutterstock.com:

2 Tracey Winholt; 4 Jiri Foltyn; 5 lego 19861111; 6 EDGAR PHOTOSAPIENS; 7 Izen kai; 8 Alex Rush; 9t Sail Far Dive Deep; 10 Laura Holm; 13t Sergey Uryadnikov; 13b Tomas Kotouc; 14b She travels the world; 15l Eric Isselee; 15tr antoniyaatanasova; 19tl Cata Hula; 19b Madelein Wolfaardt; 20 CherylRamalho; 24b Karoline Cullen; 25t Tobias Brehm; 25b Christian Musat; 27tr Ethan Daniels; 27min MartinRejzek; 29t aquapix; 34 wildestanimal

蓝色星球II
BLUE PLANET II

海洋猎手

[英] 丽莎·里根 文　管靖 译

科学普及出版社
·北　京·

水下世界表面看起来似乎很平静，但这里和其他类型的栖息地一样，也存在捕食者与猎物之间弱肉强食的关系。这些行动缓慢的海星就是一群饥饿的猎手，它们正在寻找贝类。海星的嘴巴隐藏在身体向下的一面，这一面上还生有几百只小小的管足。利用这些管足，海星不仅能够四处移动，还能捕获猎物。

目录

全球食物网

地球表面近四分之三被海洋覆盖。宽广辽阔的海洋，波浪起伏，潮起潮落，为生物提供了各种各样的栖息环境：有的地方清浅温暖，有的地方深邃幽暗。不同的栖息环境中生活着各种各样的“居民”，它们之间因为“吃与被吃”的关系，形成了许多食物链。这些食物链彼此交错连接，形成食物网。

地球上的海洋被陆地分隔成四个大洋，分别是太平洋、印度洋、大西洋和北冰洋。然而，这四个大洋实际上是相互沟通、连为一体的咸水水体，这个巨大的水体为种类繁多、数量惊人的生物提供了生存的家园。

从生产者到消费者

在海洋中，食物链的起始环节是浮游植物、海藻等生产者；沿着食物链的方向，我们能发现各种各样的消费者，如甲壳动物、刺胞动物、小型鱼类等；位于食物链最后一个环节的则是最高级消费者，比如海鸟、海豹、海狮，以及鲨和鲸等捕食者。

洋流

海洋中的海水沿着一定方向大规模流动，形成洋流。从水温高的海域流向水温低的海域的洋流叫暖流；从水温低的海域流向水温高的海域的洋流叫寒流。暖流和寒流在全球范围内流动，携带着能量、氧气和营养物质，并且对世界各地的气候产生影响。

有些海域表层的海水温度较低，会下沉到较深的地方，海水缺失的地方会被温度较高的海水填补。

海滩霸主

北极熊是最高级消费者。它们主要以海豹为食，也会吃白鲸和海象。北极熊体形庞大，十分强健，在陆地或海上的活动范围都很广。它们身上长着浓密的毛，可以防水，皮下还有一层厚厚的脂肪，可以帮助它们抵御严寒。

北极熊

学名

Ursus maritimus

分类

哺乳纲，食肉目，熊科

分布

北极地区的海洋环境，涉及美国、加拿大、俄罗斯、挪威等国家

体形

雄性体长 2.2～2.5 米，体重 300～600 千克；雌性体长 1.9～2.1 米，体重 200～400 千克。

北极熊连成年海象都敢招惹，如果发现海象幼崽，就更不会手下留情了。北极熊如果有幼崽需要喂养，那么捕猎的成功与否对它来说至关重要。

海象的气味会随风传播很远，因此它们所在的位置很容易暴露。这只北极熊就凭借自己超强的嗅觉追踪到了一大群海象。这些海象身处挪威北部斯瓦尔巴群岛的一个海滩上，那里不仅聚集着数量众多的雄性海象，还有一些雌性海象以及它们的幼崽。

北极熊在不断靠近，它的气味引起了这群海象的警觉，它们意识到应该下水了。北极熊在陆地上优势明显，一旦到了海里，海象就占了上风。海象妈妈会把自己的幼崽赶离海滩，让它们游到浮冰上，安全地待在那里，直到北极熊离开。

地球警报

夏季气温逐年升高导致北极地区的海冰不断消融，海象可以寻求庇护的安全地点也随之变得越来越少。

插翅难逃

这是一种体形庞大的鱼，名叫珍鲹，有些个体的体长超过 1 米。珍鲹是非常聪明的猎手，它们的嘴巴强劲有力，可以张得很大。在印度洋塞舌尔群岛的浅水区，我们就能见到珍鲹。

在塞舌尔群岛的浅水区，生活着大量的小鱼，它们会在珍鲹的驱赶下游向水面。这样一来，乌燕鸥就能更轻松地捕捉到小鱼。因此，这里也是乌燕鸥最喜爱的繁殖地。

这些岛屿上没有能对海鸟蛋和雏鸟造成威胁的陆生捕食者，因而成为海鸟们安全的避风港。

然而，这里的乌燕鸥并非高枕无忧，它们还面临着一个严重的威胁。对于渐渐长大、即将离开巢穴的乌燕鸥雏鸟来说，学习飞行是一项艰难的任务。第一次尝试开始了，乌燕鸥雏鸟振翅飞向高空，努力与海上的狂风抗衡，试图保持在空中飞行的状态。但是，它们并不一定能成功，一旦失败，它们就有可能紧急降落到海面上。

这时，珍鲹便会迅速出击，轻松捕捉落到海面上的乌燕鸥雏鸟。此外，珍鲹还能对在海面上飞翔的鸟发起猛烈攻击。

尽管体形很大，但珍鲹依然可以跃出水面，捕获一只飞得很低的鸟。这一幕真是让人大开眼界！

扫码看视频

螃蟹快跑

生活在海岸上的生物深受潮汐的影响。这种色彩鲜艳的红石蟹生活在巴西的海岸地区，以海藻为食。落潮时，礁石上的海藻露出水面，红石蟹会争先恐后地奔向礁石，一饱口福。

和许多横着走的螃蟹不同，红石蟹偏爱直行。它们动作敏捷，能以最快的速度从一块石头上跳到另一块石头上。留给红石蟹进食的时间是有限的，它们必须狼吞虎咽，然后赶在涨潮之前回到比较干燥的地方。

红石蟹

但这些红石蟹如此来去匆匆不仅仅是因为潮水的涨落，还有一个致命的原因：这片水域是链蛇鳝的家园。链蛇鳝可谓捕蟹高手，它们能用牙齿轻松捕获红石蟹并咬碎蟹壳。

有的链蛇鳝会潜伏在礁石间的水潭里，等待红石蟹经过；有的会在涨潮时随着潮水而来，然后蹿上礁石捕捉红石蟹。

有些生物的生活作息必须遵循水位涨落的规律。

红石蟹的天敌并非只有链蛇鳝，还有潜伏在这里的其他捕食者。要是能抓到红石蟹，那么这只章鱼也不介意尝尝它们的味道。

浅滩捕猎场

岩池是很多生物的栖息地，这些生物需要灵活应变，以适应潮汐的涨落。涨潮时，它们必须顽强地与汹涌而至的海浪相抗衡；退潮时，它们则要想办法躲避太阳的曝晒，同时抓住机会觅食。于是，许多捕猎行动在这里悄然上演……

帽贝是一种“生活在海洋里的蜗牛”，它们的贝壳底下生有强有力的足，能够牢牢地吸附在光滑的岩石上。帽贝会四处游走，寻找藻类作为食物，而它们本身也是海星、海鸟等捕食者眼中的美味佳肴。

海葵通常会待在一个地方，挥动自己的触手，抓住任何能够触及的东西，甚至是难以吞咽的贻贝。它们把猎物塞入位于身体上端中央的口里，再吞进下方的消化腔中，将其消化。

这是一只海蛞蝓。有些海蛞蝓以藻类为食，而有些海蛞蝓则以有毒的猎物为食，并利用猎物体内的毒液来保护自己。

有些种类的海蛞蝓是肉食性的，会吃掉其他同类。

海葵的触手末端长着刺细胞，可以用来麻醉和捕获猎物。

赭色海星是致命的捕食者。它利用自己的五条腕足四处移动，搜寻帽贝。海星的口位于身体朝下的一面，如果遇到帽贝，就会将其吞下，当作美餐。

深海伏击者

这种样貌古怪的生物被称作“海蟾蜍”，但它们其实是一种鱼。它们叫单棘躄鱼，生活在海洋最深处厚厚的淤泥上。它们是一种伏击型捕食者，会一动不动地埋伏、等待，然后在猎物经过时发起攻击，用它们巨大的嘴巴捕捉鱼类和无脊椎动物。

扫码看视频

单棘躄鱼的鳍可以像脚一样帮助它们在海床上到处“行走”，不过它们依然可以选择游动。单棘躄鱼体长可达 30 厘米，身体表面生长着细密的棘刺。

鱼

人类如何进行深海探索？

在现代技术的帮助下，人们可以乘坐一种叫作潜水器的小型潜艇，下潜到海洋深处。这种小型载人潜艇，比如“深潜者”号和“天底”号，能将人们带到海面以下 1 000 米处。

这些潜水器由一艘海洋科考船（本文中是“阿鲁西亚”号科考船）释放下潜，开始探索陌生海域的冒险旅程，而科学家会全程对其进行密切追踪。乘坐潜水器，人们得以造访前人从未到达的海下奇境。英国广播公司（British Broadcasting Corporation，BBC）的摄制组乘坐潜水器进行了 1 000 多个小时的深海拍摄。

“天底”号可以搭载三人，而“深潜者”号只能容纳两人。下潜至深度 1 000 米处需要一小时，返回水面也需要一小时。潜水器携带了专业拍摄装备，如超高清和极低照度摄像机（避免吓跑习惯在黑暗中生活的生物）。

海獭巡逻队

海獭的胃口极大，它们在水中进食，吃鱼、枪乌贼、章鱼和螃蟹。它们还吃海胆，通过控制海胆数量来帮助巨藻森林茁壮生长，对巨藻森林的健康来说至关重要。

海獭大部分时间都待在水里，它们在水里产崽，并且教幼崽如何游泳以及如何捕猎和进食。海獭生有厚厚的毛皮，不仅能防水，还可以“锁”住空气，帮助海獭保暖。不幸的是，美丽的毛皮给海獭带来了灭顶之灾——人类觊觎海獭的毛皮，对海獭进行大肆捕杀，导致它们陷入濒危的境地。

这些海獭生活在美国加利福尼亚州海岸的蒙特雷湾。此刻，它们仰面漂浮，正在水上休息。

海獭能够吃掉大量海胆，它们会像巡逻队一样在巨藻森林中搜捕海胆。然而，随着海獭数量的不断减少，海胆的数量越来越多，对巨藻森林造成严重威胁。海胆成群结队移动，用它们的嘴切断巨藻，破坏巨藻森林。海胆大军占领了大片区域，所到之处巨藻几乎消失殆尽，形成了所谓的“海胆荒地”。

一只成年海獭每天需要吃掉相当于自身体重约四分之一的食物。

如今，海獭已经受到法律的保护，因此它们的数量又开始增长。大群的海獭聚集在巨藻森林中，大量食用具有破坏性的海胆，在减少海胆数量方面做出了巨大的贡献。

什么是巨藻森林？

巨藻是一种个体巨大、生长迅速的海藻，藻体长度可达数十米，甚至100米。

巨藻通常生长在水温低于20摄氏度的浅海水域。这些水域必须富含适宜巨藻生存的营养物质，只有这样，巨藻才能茂盛地生长。一些大型巨藻森林分布在北美洲的太平洋海岸以及非洲最南端附近海域。

巨藻森林是一个物种丰富、非常重要的生态系统，为章鱼、蟹、海豹、鲨鱼等众多生物提供了生存之地。巨藻森林还有一个重要的作用，那就是吸收二氧化碳，维持生物圈中的碳—氧平衡。然而，巨藻只能在温度较低的水域内生存，因此全球气候变暖和海洋温度上升对巨藻森林造成了威胁。

捕食者
成为盘中餐

这是一只蓑鲉，又叫狮子鱼。蓑鲉是一种凶猛的捕食者，在它们美丽的外表下，隐藏着致命的危险。它们在温暖的浅海区游弋，贪婪地寻找着鱼和虾。布满条纹的身体和锯齿状的鳍可以帮助它们在斑驳的海洋环境中隐蔽自己，而闪电般的反应速度则是它们袭击和捕捉猎物的法宝。

成年蓑鲉体长可达45厘米，背部高耸着一排棘刺，每根棘刺的根部都生有毒腺，可保护其免受其他生物的伤害。

在可怕的博比特虫面前，这些棘刺却无能为力。博比特虫体长足有1米，通常会躲在被沙子掩盖的、布满黏液的洞穴里，等待缓缓游动的蓑鲉从洞穴上方经过。博比特虫有五根触角，它会将这些触角从沙子里稍稍探出，刚好能感知猎物经过的动静。一旦发现猎物，它们就会以最快的速度冲出洞穴，并在捕猎成功后将猎物拖回洞里。

博比特虫的颚部就像剪刀，生有锯齿状的钩子，可以牢牢钳制住滑溜溜的鱼。它们能把小型猎物切成两半，也可以向猎物体内注射毒素，使其动弹不得。与蓑鲉相比，博比特虫才是可怕的那一个。

扫码看视频

重拳出击

这些非凡的生物是虾蛄，又叫螳螂虾。虽然有些体形较小的个体可能仅有5厘米长，但它们却是厉害的猎手。虾蛄的武器是它们的一对前肢，能够以极快的速度猛击猎物。

虾蛄是甲壳动物，与其他虾类、龙虾和螃蟹有一定的亲缘关系。

根据捕猎方式的不同，虾蛄可以分为两种类型：粉碎型和穿刺型。

这只漂亮的蝉形齿指虾蛄（雀尾螳螂虾）就属于粉碎型虾蛄。它的第二对颚足可以像锤子一样打晕猎物，并敲碎猎物的外壳。它挥动颚足的速度很快，可达每秒23米。

另一种是穿刺型虾蛄。它们的螯是尖的，有些螯的尖端生有倒刺，可以用来攻击小鱼，将其刺伤或刺穿。

斑琴虾蛄（斑马纹螳螂虾）是世界上已知现存体形最大的虾蛄，能长到 40 厘米长，和龙虾差不多大。它们分布在印度洋和太平洋，以沙子或淤泥中的洞穴为家。

斑琴虾蛄是穿刺型虾蛄。雄性斑琴虾蛄负责捕猎，并为自己的伴侣提供食物。它们会在 U 形的洞中潜伏，等待鱼儿游过，并以每秒约 2.3 米的速度精准地刺向猎物。

角高体金眼鲷虽然样貌可怕，但体形不大，体长只能达到 16 厘米左右。

可怕的尖牙

这种令人毛骨悚然的生物是角高体金眼鲷，又叫尖牙鱼，其得名的原因显而易见。从体形来看，角高体金眼鲷可能并不起眼，但它们的牙齿可能是所有鱼类中最大的。它们的下牙非常长，但它们可以合上嘴巴，不让长长的牙齿伤到自己。这是因为它们的头部有一种特殊构造，那就是位于大脑两侧的暗槽，牙齿可以安全地滑进去。

角高体金眼鲷以灯笼鱼为食（见第 34 页）。尽管样貌可怕，但它们其实并不是让猎物闻风丧胆的捕食者。它们视力很差，通常是自己撞上猎物。距离足够近时，它们才可以凭借嗅觉来判断自己是否找到了食物。

很多鱼身上都有一种特殊的感觉器官——侧线，角高体金眼鲷也不例外。这种感觉器官能感知水流，帮助鱼追踪猎物。

虽然角高体金眼鲷会在海洋的中层带捕猎，但它们是一种深海鱼，生活在海洋的深层带，甚至曾经出现在水下 5 000 米处。

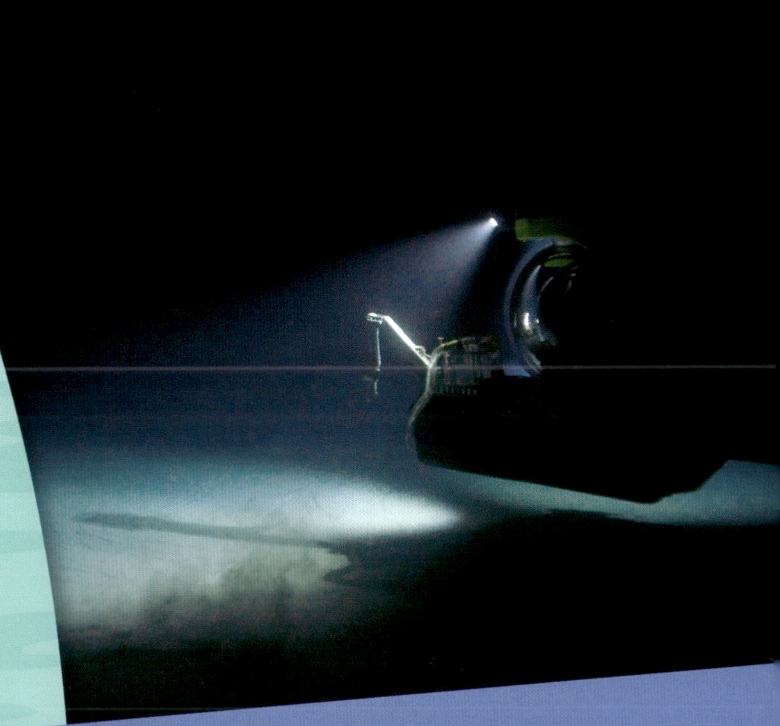

什么是海洋层带？

浩瀚的海洋广袤无垠，深邃无比。为了更清晰、更具体地探索海洋的奥秘，科学家将其划分成几个层带。

从海洋表面到大约 200 米深处的整个水层为上层带，又叫阳光带。从上层带的下限到水深约 1 000 米之间的水层是中层带。继续下潜，就进入了深层带，这一层带一直延伸到深度约 4 000 米处，常年黑暗无光。

从深层带底部继续下潜，就到达了最深、最黑暗的两个层带：深渊带和超深渊带。虽然光线无法到达这两个层带，但那里仍然存在着各种各样的生命形态。很多生活在那里的生物都身怀绝技——生物发光。

乘虚而人

这是短尾刺魟，这种鱼可以长到大约 4 米长。

这条巨大的短尾刺魟正一边巡游，一边寻觅自己的美餐。在澳大利亚海岸附近的海草场上，它来来回回地游动，目的是寻找可口的蜘蛛蟹。

在冬季的第一个满月前后，数十万只蜘蛛蟹聚集在海草场上。它们踩着彼此的身体向上攀爬，成群地堆积在一起，形成了巨大的“山丘”，绵延近 100 米。它们集结在这里，是为了蜕去身上的旧壳，为正在生长的新壳腾出空间。

短尾刺魟知道，正在蜕壳的蜘蛛蟹此时非常脆弱，因为它们的新壳需要好几天才能变硬，它们的腿也绵软无力，难以爬行。短尾刺魟此时正在这片区域巡游，俯冲而下，吞食暴露在“山丘”上的蜘蛛蟹。蜘蛛蟹大堆大堆地挤在一起，就是希望以此让自己幸免于难。

“山丘”中心是最安全的地方。那些过于弱小、挤不进蟹群内部的蜘蛛蟹就只能待在“山丘”边缘，暴露在危险之中。

刚蜕壳的蜘蛛蟹很软，捕食者吃起来更省力。

扫码看视频

凶残的“刺客”

鱼儿们要小心了！此处常有一种生物出没，它外表美丽，实际上却是凶残的捕食者，它长长的、带刺的触手拖曳在水中。它就是僧帽水母，又叫葡萄牙战舰水母。人如果被僧帽水母蜇伤就会极其痛苦，而一些小型海洋生物如果被蜇中则有可能会丧命。

僧帽水母在开阔的海洋里缓缓漂移。它们的顶部有一个含有气体的囊，叫浮囊体，使它们能够漂浮在水面上；浮囊体上方还有竖起的膜冠，可以像船帆一样控制僧帽水母的前进方向。

僧帽水母触手的长度可达30米，生有成千上万个刺细胞。每根触手都像一根钓鱼线，能捕获毫无防备的鱼。鱼一旦“落网”，就会被僧帽水母体内分泌的各种化学物质消化。

有刺的海洋生物

僧帽水母看起来有点儿像水母，但它们其实和我们熟知的水母不同，属于水螅虫纲管水母目。它们都是有刺的海洋生物，同属于刺胞动物门。刺胞动物门还包括海葵（下图）和珊瑚虫。

并不是所有的鱼都会成为这个致命陷阱的牺牲品，有一种鱼甚至会在僧帽水母的触手间游弋、栖息。这种鱼就是水母双鳍鲳，又叫军舰鱼。水母双鳍鲳通过噬咬僧帽水母触手来饱腹，虽然对触手上的刺有一定的抵抗力，但在触手间游动时也必须谨慎小心。

一只僧帽水母一天之内能捕获并吃掉 100 多条小鱼。

硬壳难敌利齿

海龟看似被坚硬的外壳保护得很好，但有些捕食者并不会被它们的硬壳吓退。鼬鲨是海洋中的最高级消费者之一，它们的牙齿可以直接咬穿海龟壳。

世界上很多地方都有鼬鲨，澳大利亚附近海域的海草场就吸引了一群鼬鲨前来捕食儒艮和海龟。那些行动缓慢的生物通常会在海草茂密的海草场中心区域进食，然而当鼬鲨来觅食的时候，它们就会离开，去往海草场的边缘。

能咬穿海龟壳的鲨鱼并不多，鼬鲨是其中之一。它们的牙齿不同寻常，其形状就像链锯的锯齿。

海草场能够吸收大量的二氧化碳，并通过光合作用产生氧气，对于调节碳—氧平衡起着重要的作用。鼬鲨会迫使海龟、儒艮等食草动物不断移动，这样可以帮助海草场保持良好的状态。

鼬鲨

学名

Galeocerdo cuvier

分类

软骨鱼纲，真鲨目，真鲨科

分布

热带及亚热带水域

体形

成年个体体长 3~5 米，体重 400~600 千克；雌性体形比雄性体形大。

来者不拒

鼬鲨以不挑食而闻名，它们几乎什么都吃。人们在它们的胃里发现过各种各样的东西，有海龟、鸟、枪乌贼、海豹、海豚、其他鱼，还有金属制品、木材、塑料制品，比如渔具、锡罐，甚至车牌！

地球警报

过度捕捞导致一些海草场附近的鲨鱼数量减少，食草动物得以肆无忌惮地啃噬海草；其他的人类活动，如旅游、机动船航行和疏浚工程，又进一步破坏了草场。这会使海洋生态系统面临严重的危机。

鱼群盛宴

一个飞旋原海豚群的个体数量可多达数千。

扫码看视频

这个巨大的鱼群是由数百万条银色的灯笼鱼组成的。灯笼鱼群是世界上数量最庞大的鱼群之一，它们会在夜晚游到海面上，寻觅可口的浮游生物。灯笼鱼极其常见，因而成为多种海洋生物的重要食物来源。有时，这些捕食者聚集在一起，向灯笼鱼发起攻击，形成壮观的大规模捕猎场景。不计其数的灯笼鱼在海面上跳跃、翻腾，看起来就像海水沸腾了一样。

这群灯笼鱼正在从海洋的中层带向上游。然而，它们的这趟旅程可能有去无回，因为一群飞旋原海豚将它们困在了海面附近。这些飞旋原海豚环绕灯笼鱼群游动，将它们团团围住，迫使它们聚合成一个紧密的鱼群，形成了巨大的“诱饵球”。

很快，大量的黄鳍金枪鱼和速度极快的旗鱼也加入了飞旋原海豚的行列，它们也在寻找食物。

旗鱼用利剑一般的吻刺向灯笼鱼群。旗鱼的第一背鳍又长又高，在旗鱼发动攻击前，它可以像帆一样扬起。

接下来登场的是巨大的蝠鲼，它们扇动着胸鳍游过来进食。海鸟也赶来凑热闹，从空中俯冲而下，啄食灯笼鱼。这是一场无与伦比的饕餮盛宴，灯笼鱼一条接一条地被捕食者们瓜分，逐渐变少，直到海里只剩下无数闪闪发光的鱼鳞，飘飘荡荡落入深海，这场盛宴才慢慢落幕。

北京市版权局著作权合同登记　图字：01-2024-3668

图书在版编目（CIP）数据

蓝色星球．Ⅱ．海洋猎手 /（英）丽莎・里根文；管靖译．-- 北京：科学普及出版社，2025. 1. -- ISBN 978-7-110-10769-0

I. P7-49

中国国家版本馆 CIP 数据核字第 2024KW4341 号

Picture credits:

Front cover, 31 Photograph copyright Matty Smith;
2-3, 18-19, 26 Photograph copyright Espen Rekdal 2017;
6-7 Photograph by Jonathan Smith Copyright BBC NHU 2017;
13 Photograph by Miles Barton copyright BBC NHU 2017;
17br Photograph copyright Luis Lamar 2017;
20-21, 21t Photograph copyright Lisa Labinjoh;
22 Photograph copyright Tony Wu;
23r Photograph copyright Jason Isley;
25 Photograph by Yoland Bosiger Copyright BBC NHU 2017;
29bl, 28-29 Photograph copyright PT Hirschfield;
8t, 9m, 9b, 12t, 12b, 19tm, 27tr, 32tr, 33tl Copyright BBC 2017;
All other images copyright © BBC, 2017
with the exception of the following images which are courtesy of Shutterstock.com:

4-5 buchpetzer; 5t Stefan Pircher; 6tl La Nau de Fotografia; 8b Charles Bergman; 10b MindStorm; 17bl Tatyana Vyc; 19tl Brandon B; 23l Simon Shin kwangsig; 24b Gerald Robert Fischer; 24tr Mike Workman; 28tl katherineobrien; 30bl offscreen; 32-33 Marion Kraschl; 33tr Matt9122

Every effort has been made to trace the copyright holders and obtain permission to reproduce this material. Please do get in touch with any enquiries or any information relating to this image or the rights holder.

蓝色星球II
BLUE PLANET II

深潜探秘

[英] 丽莎·里根 文　管靖 译

科学普及出版社
·北　京·

在紫外线或蓝光等特定光线的照射下，
有些水下生物会发出色彩斑斓的光，这种光就是荧光。
海葵（如图所示）、虹吸虫和螳螂虾等生物，会利用荧光来
吸引猎物。科学家通过对水下荧光的研究，发现超过 200 种
生物利用体内某种物质的分子来呈现这些缤纷的色泽，
而人类此前对这些分子一无所知。

目录

全新世界

科学家致力于探索我们身处的世界。科学研究是指寻求真相，发现新事物及其背后的规律。人类的认知会在令人兴奋的科学研究中不断提高，特别是随着科学技术的进步，我们可以对全新的世界进行探索。

英国广播公司《蓝色星球Ⅱ》制作团队用了两年的时间准备南极任务，这次任务使用了从“阿鲁西亚”号科考船上发射的两个小型载人潜水器。为了完成任务，他们将第一艘载人潜水器下潜到水下1 000米。

在这次任务中，他们不仅发现了新的景观和新的生命形态，还记录了海洋环境随温度变化而发生的诸多变化。

镜头捕捉

研究野生动物的重要内容之一是观察和记录其新行为。我们知道生活在太平洋中的蝠鲼（又称魔鬼鱼或毯魟）以浮游生物为主要食物，然而在2017年，镜头首次捕捉到它们吃鱼的场景。

挑战极限

探索海洋最深处与探索太空一样具有挑战性。据说，我们对海洋深处的了解甚至还不如对火星表面的了解。在我们的想象中，海洋的最深处是一片平坦而贫瘠的荒漠，然而事实并非如此。海底不仅存在一望无际的深海平原，还有高低起伏的山脉以及幽暗深邃的谷地。洋中脊是地球上最长的海底山系。它沿着洋底延伸了约 8 万千米，比陆地上最长的山脉还长。

载人潜水器在南极海湾深水区发现了体长长达 2 米的巨型海绵等大量无脊椎动物。那里一片生机盎然！

高阶隐匿

章鱼拥有较高的智商，它们在面对捕食者时往往以智取胜。章鱼是顶级伪装高手，它不仅能够改变皮肤的颜色，融入周围环境，还能伪装成其他东西。除此之外，镜头还捕捉到了很多有趣的画面，有些特别聪明的章鱼会以另外的方式隐匿自己。

摄影师在南非海岸福尔斯湾还拍摄到了惊人的一幕：一只章鱼正在被带纹长须猫鲨追逐。当常规防御失效时，章鱼迅速用腕上的吸盘从海底抓起 60 多个贝壳和石头，像穿盔甲一样把它们盖在自己身上。猫鲨虽然能感觉到它的存在，但看不到它在哪里，只好无奈地游走。

章鱼身体柔软，易受攻击。遇到危险时，它通常会逃跑或躲藏起来。章鱼可以挤进岩石的细缝中，它的身体非常灵活，即使是只有它眼球那么大的孔洞，它都可以爬过去。然而，如果在没有遮蔽的空旷处遇到捕食者，它就必须选择其他方式进行防御了。

有时，章鱼会从身体中喷出一团墨汁，以此掩护自己逃跑。在极端情况下，它甚至可以断臂求生，牺牲八条腕中的任何一条。不可思议的是，失去的腕还能够重新长出来。

另一只章鱼用海藻叶把自己包裹了起来。海藻不仅迷惑了在附近徘徊的鲨鱼，还能保护章鱼脆弱柔软的头部免受攻击。

海底之城

珊瑚礁被誉为海洋中的“热带雨林”，到处都是适合栖息和进食的场所，住户熙熙攘攘。这里的一切都引人入胜。科学家一直在努力探究人类活动是如何影响珊瑚礁生态系统的。

地球警报

珊瑚礁是海洋生态系统的重要组成部分，它们只占据不到海底总面积 0.1% 的小小地盘，生活在其中的物种却占已知海洋生物物种总数的四分之一左右。然而，海水温度的升高正在破坏珊瑚礁，使它们失去赋予其鲜艳色彩的虫黄藻，从而变得苍白和没有生机。除非海洋环境得到改善，否则日渐白化的珊瑚礁将难以复原。

喧宾夺主

珊瑚礁是一个热闹的地方。你如果认真倾听，就可以听到海胆用牙齿啃食物的声音；听到枪虾发出的足以震晕小鱼的啪啪声；听到鱼类发出的各种各样的声音，其中有些像虫鸣的嗡嗡声，有些像爆裂的啪啪声，有些像鸽鸣的咕咕声，有些像哭泣的哇哇声……科学家最近发现，海洋生物的某些重要行为非常依赖这些声音信号，而人为的噪声则对它们造成了严重干扰。

有位科学家带着一个特殊的水下麦克风潜泳，记录珊瑚礁处的声音。他想要探究海洋生物为何会发出如此之多的声音，哪些是为了吓跑捕食者；哪些是为了通知同伴注意捕食者；哪些是为了给其他生物留下深刻印象；哪些是为了帮助它们寻找落脚点或者定位方向……

最令人担忧的是人类产生的噪声之多、音量之大，这些噪声对海洋生物已经造成无法估量的负面影响。除了络绎不绝的大小船只，人类在海洋勘查和钻探石油时也会发出巨大的噪声，而这些人为噪声淹没了海洋生物本身发出的有用的声音。

在水中，鱼类发出的警报声被人为的噪声淹没。

什么是珊瑚礁?

珊瑚虫是一类微小的刺胞动物，有些珊瑚虫体内会分泌碳酸钙，形成坚硬的外骨骼。这些外骨骼聚集在一起，就形成了珊瑚。在数百年至数千年的时间里，珊瑚逐渐堆积起来，形成珊瑚礁。

珊瑚通常形成于水深不超过 25 米的浅水区，这样就能在阳光可以穿透的清澈海水中茁壮生长。珊瑚能在地球上大多数海域生存，哪怕海水很深或是很冷。但是，珊瑚最适合在水温 20~28 摄氏度的环境中生长。

珊瑚礁构建了一个多样化的生态系统，多种生物在珊瑚之上或周围觅食、安家。这些生物包括小小的虾、大大的鲸，以及各种各样的鱼类和包括贝类在内的软体动物。新型水下摄像机让我们能够从海洋生物的视角观察这些神奇的珊瑚礁居民（见上图）。

座头鲸护卫

海狮以枪乌贼、虾、章鱼和很多种类的鱼为食，它们每天都需要通过大量进食来保持健康，摄入的食物可达自身体重的6%。因此，它们必须成为精明的猎手，想各种办法来获取每天的食物。

在美国加利福尼亚州蒙特雷湾，一群海狮正跟随座头鲸寻找食物。当几头巨大的座头鲸冲出海面，大口吞入鲱鱼时，这些“护卫”——海狮就潜伏在鲸群边缘捡漏。

加利福尼亚海狮

学名

Zalophus californianus

分类

哺乳纲，食肉目，海狮科

分布

美国西海岸，从阿拉斯加湾到墨西哥湾

体形

雄性体长可达 2.5 米，体重可达 400 千克；雌性平均体长 1.8 米，体重约 100 千克。

特征

身体修长，前鳍和后鳍各两只；头小，有长胡须和小耳朵。

此时的海狮正在享用美味的鲱鱼，疏于防备。狡猾的捕食者——虎鲸趁机直扑海狮而来，因为海狮营养丰富，是虎鲸理想的大餐。

当虎鲸唾手可得时，巨大的座头鲸游到了可以保护海狮的位置。四头座头鲸不仅挡住了虎鲸的去路，还发出响亮的叫声，并用长长的鳍肢和有力的尾巴拍打水面，驱逐比自己体形小得多的虎鲸。

刮“鲨”

有些海域似乎是一片广袤的水下荒原，很少有人到访。科学家最近才开始关注并探索这些海域，以期有所发现。其中的发现之一是鲸鲨会去哪里生宝宝，太平洋东部的科隆群岛或许就是答案。

对巨大的鲸鲨准妈妈来说，浩瀚海域中的小岛可能正适合生孩子。科隆群岛中的达尔文岛与世隔绝，周围的洋流为鲸鲨带来了大量的食物，有1 000多头雌性鲸鲨聚集在这里。

科学家在跟踪鲸鲨时，还看到了一种奇特的景象：一群体形较小的镰形真鲨从正在巡游的雌性鲸鲨上方俯冲而下，掠过鲸鲨的背部，刮擦鲸鲨粗糙的皮肤。镰形真鲨这么做是为了除掉自己身上的寄生虫吗？答案尚不明确，因为镰形真鲨这种行为之前从未被看到过。

成年鲸鲨的体形近似于一架小型飞机，而镰形真鲨长约 3 米，长度和一辆小汽车差不多。

镰形真鲨的刮擦行为并没有持续多久，因为鲸鲨潜入了更深的地方，或许是为了躲避可能对新生儿造成危险的镰形真鲨。科学家推测，鲸鲨在很深的深海分娩，但它们真正的分娩过程还未曾被拍到。

鲸鲨

学名

Rhincodon typus

分类

软骨鱼纲，须鲨目，鲸鲨科

分布

热带和温带海域

体形

体长 12~18 米；平均体重 14 吨。

特征

体长，头部宽而扁平，嘴部巨大；沿背部长有脊（龙骨脊）；有五对鳃裂。

深海之秘

载人微型潜水器的使用为水域探索提供了更多的可能性。摄像设备和技术的进步，让我们可以更好地记录和分享新的发现。然而，摄像头并不总是能轻易捕捉到深海的秘密。

这令人惊叹的一幕出现在墨西哥湾水下 600 多米深的地方。甲烷气泡上升过程中拖曳的沉积物形成“火箭尾迹”。这些沉积物或许已沉寂于海底数千年，最近才因为被甲烷气泡扰动而升起。

扫码看视频

根据载人潜水器上一位科研人员提供的信息，摄制组花了一个小时才找到这些气泡。“火箭尾迹”顶部的巨型气泡约有篮球大小，下方还有更多的大气泡。

然而，这次目击只是偶然。摄制组在次日及其后曾两度故地重游，但皆无所获。如果他们在第一次探寻时没有捕捉到这一现象，那么这可能依然是一个未被记录的秘密。

捕食团伙

捕食者在深秋来到挪威。此时，北极光已照亮北方的天空。

数十亿条鲱鱼聚集在挪威的峡湾，以避开其他海域的冰水。受北大西洋暖流的影响，挪威的峡湾从不结冰。

如此多的鲱鱼吸引了大量的捕食者。上千只虎鲸率先到来，这为科学研究提供了新的契机。科学家不仅使用无人机和野生动物定位追踪器来跟踪虎鲸，还通过吸盘将摄像机直接安装在虎鲸的背上，确保研究观察过程中虎鲸不会受到任何伤害或干扰。这样，人类就可以通过新奇、独特的虎鲸视角来观察虎鲸捕食

众多虎鲸聚集在一起会发出巨大的声响，引来其他捕食者。近年来，科学家观察到，不仅座头鲸群会尾随虎鲸而来，长须鲸听到虎鲸的叫声也会加入这个捕食团伙。这些庞然大物从水中跃出，扑向被虎鲸驱赶到一起的鲱鱼。一头座头鲸一口就能吞下上百千克鲱鱼。

每年都有数百头座头鲸迁徙到挪威的峡湾，捕食那里的鲱鱼。

什么是峡湾？

峡湾是典型的冰川侵蚀地貌，这种地貌分布于挪威、加拿大、丹麦、冰岛、智利和新西兰等地。挪威峡湾众多，其海岸线上有 1 000 多个峡湾。

峡湾是由陡峭的悬崖所环绕的深而狭窄的水湾，在冰川侵蚀作用下形成。侵蚀陆地的冰川在重力作用下不断下滑，形成 U 形的峡谷。冰融之后，海平面上升，U 形的峡谷被海水淹没，形成峡湾。峡湾通常有小湾分支，供不同种类的生物在此安家。

座头鲸属于须鲸，没有牙齿，巨大的嘴里长满刷子似的鲸须。它们在鱼群中猛冲，将鱼吞进嘴里，然后通过鲸须将水过滤出来。

成年座头鲸可以长到 18 米长。
尽管体形巨大，但它们常常会跃出水面，
上演“跃身击浪”的景象。

躲猫猫

在海洋中，任何物品都可能成为生物的栖息场所，尤其是漂浮物。从废弃油漆刷到倒下的树木，只要能够提供住所和食物，都会吸引生物在此安家。

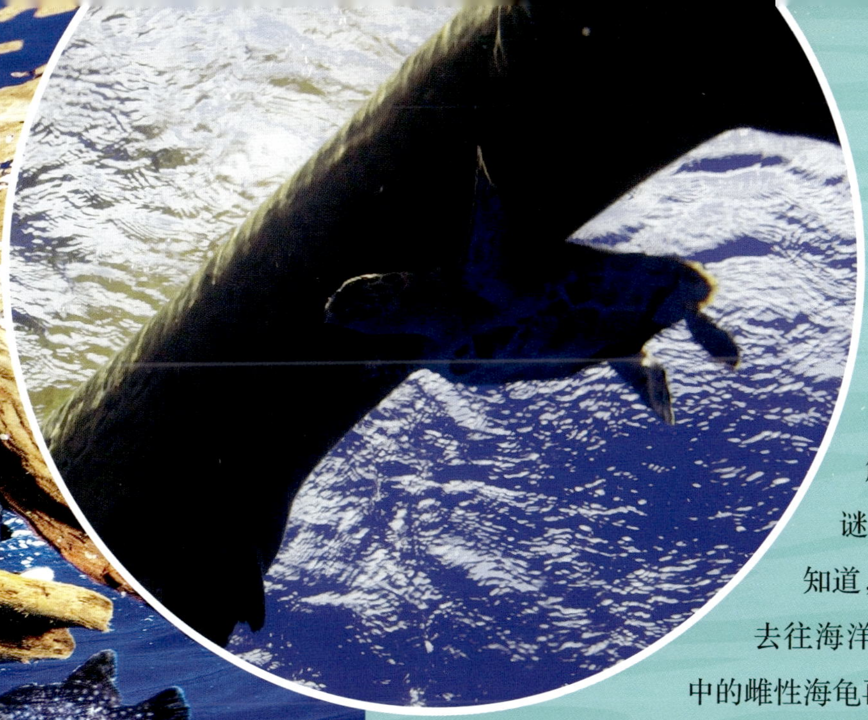

对于这片汪洋大海，我们知道得还很少。直到最近，科学家才从漂浮物中解开了一个困扰人们许久的谜题：小海龟去了哪里？我们知道，小海龟在海岸上孵化，然后去往海洋，十五年之后长大成年，其中的雌性海龟再度返回海岸产卵，但这期间它们去了哪里曾一直是个谜。

其实答案就藏在这些漂浮物的下面。很多鱼类都在这里休息和进食，科学家在其中也发现了小海龟的踪迹。在距离澳大利亚东部海岸160多千米、水深3千米的海域，有一根漂浮的木头，一只中型玳瑁（海龟的一种）似乎把这里当成了躲避鲨鱼的避风港，并以此为家。一个带有传感器的标记物显示，这只玳瑁以这根漂浮的木头为避风港，“潜伏”在海面附近，以此保持温暖，更好地生长。

富有经验

长鳍真鲨（俗称远洋白鳍鲨）是有名的机会主义猎手。远海食物稀缺，所以它们能找到什么就吃什么。海龟并非它们的首选，但有总比没有好。这些鲨鱼偶尔也会靠近海岸，人们曾观察到它们直接从垂钓者的鱼钩上偷鱼。它们似乎会分辨出渔船发动机减速的声音，由此判断渔民已捕到鱼，然后过去偷鱼。

深潜探寻

先进的深海勘测船让我们得以探索位于海洋最深处的海沟。在那里，科学家观察到一些神奇的生物，并将它们记录了下来。这让我们惊讶不已，那里竟然还有生命的存在。

科学家使用远程摄像探测器发现水下生存最深的鱼。这种鱼被称为“空灵狮子鱼”，生活在马里亚纳海沟 8 000 多米深的海底。

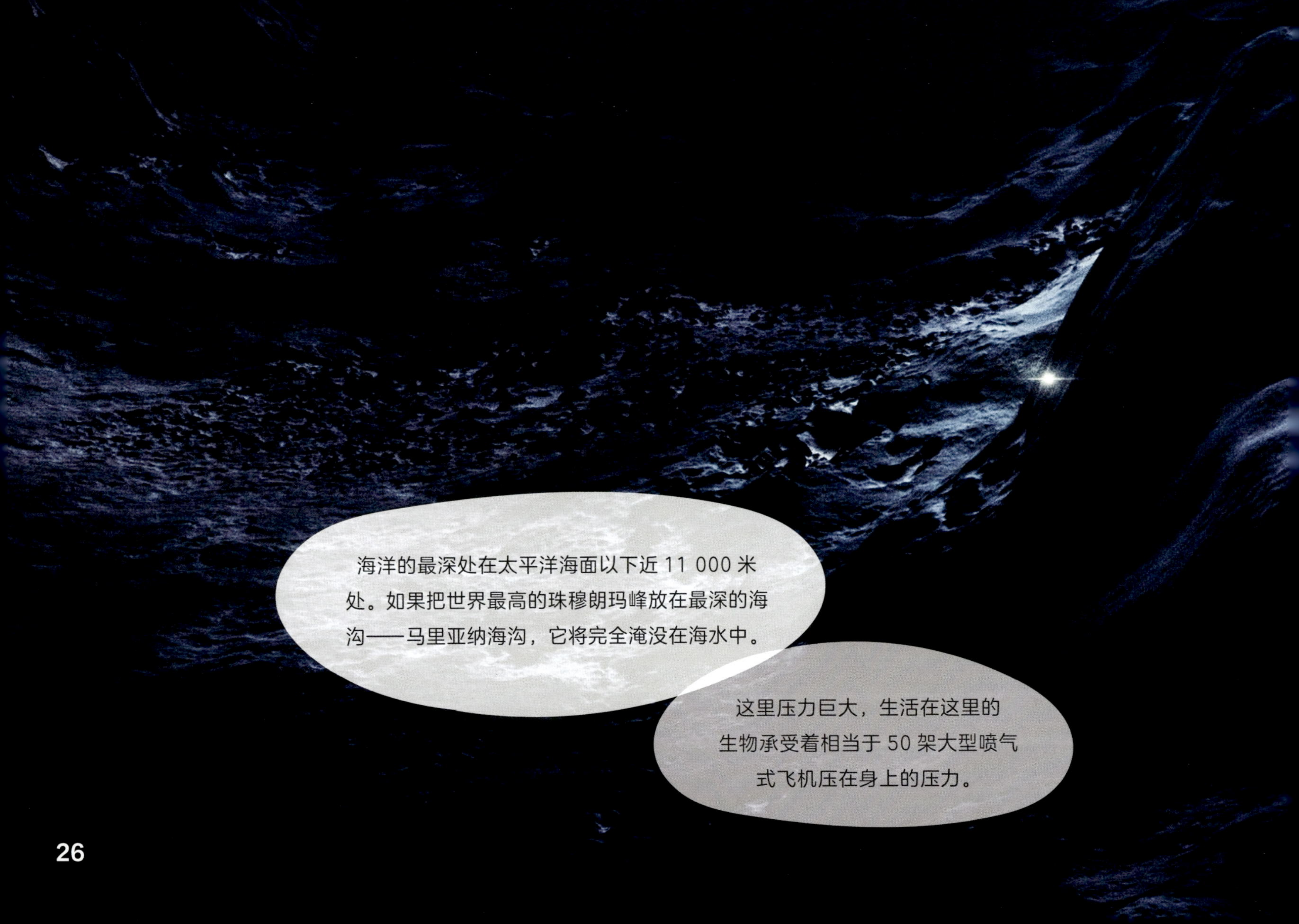

海洋的最深处在太平洋海面以下近 11 000 米处。如果把世界最高的珠穆朗玛峰放在最深的海沟——马里亚纳海沟，它将完全淹没在海水中。

这里压力巨大，生活在这里的生物承受着相当于 50 架大型喷气式飞机压在身上的压力。

什么是盐卤池?

在墨西哥湾600米深的海下，有一个恐怖的盐卤池。海底泥火山的喷发将沉积多年的盐带出，这些盐融入海水，形成超咸盐水，其盐分是普通海水的8倍，而且密度更高。超咸盐水沉积在海底，形成盐卤池。

盐卤池的盐浓度非常高，对大多数生物来说是致命的。当动物们来到这里采食池边的巨型贻贝时，如果误入盐水深处，它们就会丧命。有人曾拍摄到通鳃鳗游进盐卤池后中毒休克，身体痛苦地扭成一团的画面。盐卤池中遍布着尸体，都是没能活着出来的鱼类或其他生物。

很多深居海底的动物都会在盐卤池附近安家，这些动物有螃蟹、虾、鳞虫和铠甲虾等，它们以盐卤池边的巨型贻贝为食物。

隐秘花园

在幽深黑暗的水域中，隐藏着一个绮丽的世界。科学家在这里发现了由深海珊瑚构成的美丽“花园”，其“叶片”之中生活着各种各样的生物，有鱼、蟹、虾、对虾、龙虾，还有蠕虫、海参、海葵和海绵等。

最近的研究发现，在深达 6 000 米的海底，物种的多样性超乎想象。那里的珊瑚种类比热带浅海珊瑚礁上的还多。其中有些珊瑚已经存活了 4 000 年。

浅海珊瑚需要生活在阳光能够照射到的地方，这样它们才能通过光合作用获取食物；深海珊瑚则不同，它们利用触手捕捉附近的食物颗粒，因此它们的生长速度要比浅海珊瑚慢得多。

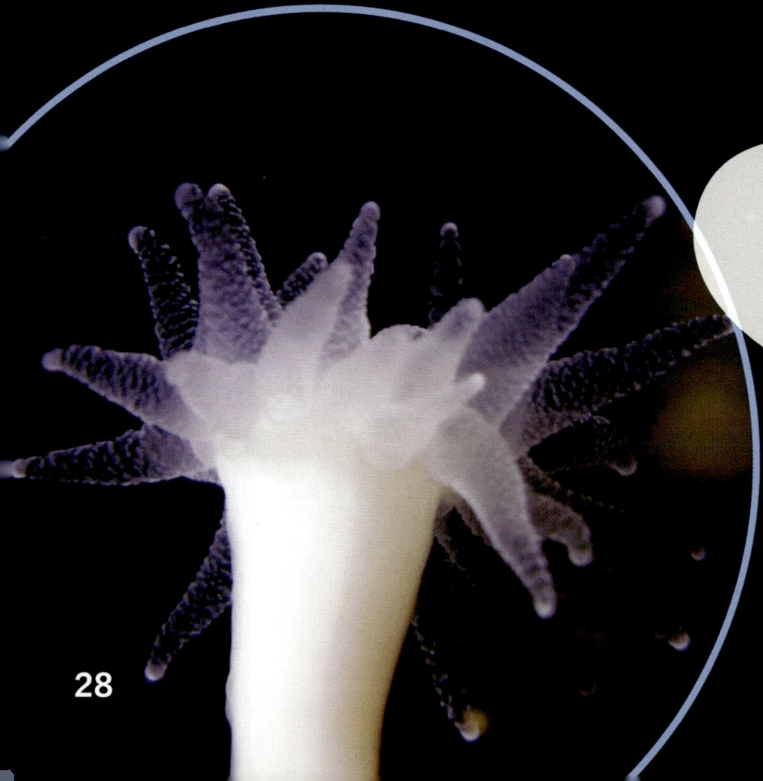

深海海葵用触手抓取食物并将其送入位于身体中心的口中。

地球警报

遗憾的是，科技是一把双刃剑。过度捕捞正在掏空我们的海洋，拖网渔船越捕越深，只为捕获更多的鱼。它们拖着带有沉重金属门和滚轮的巨大渔网，这些渔网在海底刮擦，破坏珊瑚“花园”，将其夷为平地，留给海底的只有一地碎石。

什么是海底热泉？

海底热泉就像海底的喷泉，是各种奇特生物的家园。它们分布在地壳张裂或薄弱的地方，喷出的热液超过 400 摄氏度。

海水沿地壳张裂或薄弱的地方渗入洋壳内部，与炙热的岩浆发生反应后变成富含无机盐的热液，再次迸发出来，便形成了海底热泉。这些热泉周围的热能为千奇百怪的生物提供了生存条件。

随着人类对深海不断的探索，新的发现层出不穷。那里有超大的贻贝、蛤蜊、管虫、鳞虫、铠甲虾等许多奇特的动物。科学家认为，深海中的生物并不比热带雨林中的少。

热翻天

科学家在南极海域发现了新的海底热泉，或黑或白的“烟雾”从这些巨大的“烟囱”中冒出。“烟囱”中生长着细菌，为生活在附近的其他生物提供了食物。随着海底探索的深入，越来越多的海底热泉被发现。

“黑烟”温度非常高，会释放出含硫化合物；“白烟”则温度较低，会释放出含钡、钙或硅元素的化合物。细菌以这些物质为食，引来了各种奇特生物，例如巨型管虫和盲虾。

一些“烟囱”喷口附近布满了雹夫蟹（见下图），它们在自己身上培养细菌。同样会培养细菌的还有一些虾，它们把细菌含在嘴里，待在离热液足够近的地方，以便获取其中的无机盐。当然，它们也不能离热液太近，否则就会被煮熟。

当热液与冰冷的海水相遇时，
热液中的热能和物质就会被释放出来，
形成巨大的“塔”或“烟柱”，
有些甚至可达 12 层楼高。

做清洁

海龟通常慢慢地巡游，只有当捕食者近在眼前时才会加快速度。随着时间的推移，海龟的身体可能会变得越来越沉重——龟壳被藻类覆盖，身体较软的部分长有寄生虫。清除这些藻类和寄生虫非常有必要，这时候就需要清洁鱼来帮忙。

刺尾鱼会吃长在海龟背上的藻类。

绿海龟聚集在加里曼舟岛的一个特殊的“清洁站”。在那里，䲁鱼和刺尾鱼在海龟身上啃食，清除海龟身上多余的生物。䲁鱼专攻死皮和寄生虫，刺尾鱼则尽情享用海藻大餐。

扫码看视频

这个“清洁站”声名远扬，绿海龟常年来此逗留。它们相互推挤，争先恐后地占位置，甚至把岩石顶部磨出了一个凹坑。新的研究表明，做“清洁”不仅有利于绿海龟的身体健康，还能缓解它们的压力。

师法自然

很多海洋生物对于海洋的了解远远超过人类，我们应该向它们学习。比如，珊瑚的药用功效就是海洋生物指引我们发现的。这一发现不仅有趣，还很有价值。在埃及海岸，科学家们跟踪宽吻海豚，并从它们的生存智慧中受到启发。

宽吻海豚

学名

Tursiops truncatus

分类

哺乳纲，鲸偶蹄目，海豚科

分布

大西洋、太平洋、印度洋等温带及热带水域

体形

体长可达 4 米，体重可达 640 千克。

柳珊瑚的黏液具有抗菌和消炎的作用，它可以保护宽吻海豚免受寄生虫、疾病和细菌感染的困扰。

宽吻海豚以玩珊瑚为乐。有人曾拍到它们从海底捡拾珊瑚碎片来玩抛接游戏，有时自娱自乐，有时与伙伴一起嬉戏。

除了玩，宽吻海豚看起来还会用珊瑚进行自我治疗。它们游过茂密的柳珊瑚，在其表面上摩擦。宽吻海豚似乎还会选择不同种类的珊瑚来“对症下药”，比如，它们会用硬珊瑚治疗胸鳍疾病，而腹部、头部和尾部的疾病则用软珊瑚来治疗。

地球警报

海水变暖对珊瑚礁造成了巨大威胁。人类或许可以开发、利用珊瑚礁的药用价值，但我们首先要做的是保护这一脆弱的生态系统。如果我们及时行动，珊瑚礁是可以得到拯救的。我们可以研究促进珊瑚茁壮生长的方法，帮助它们增强复原力；同时我们也要努力防止海洋进一步变暖。

扫码看视频

北京市版权局著作权合同登记　图字：01-2024-3668

图书在版编目（CIP）数据

蓝色星球．Ⅱ．深潜探秘 /（英）丽莎・里根文；管靖译．-- 北京：科学普及出版社，2025. 1. -- ISBN 978-7-110-10769-0

I. P7-49

中国国家版本馆 CIP 数据核字第 202417U35P 号

蓝色星球II

BLUE PLANET II

生存秘诀

[英]丽莎·里根 文 管靖 译

科学普及出版社
·北 京·

在所有鱼类中，蝠鲼拥有最大的大脑。它们的大脑里有负责学习、沟通和问题处理的区域。科学家发现蝠鲼能够识别自己的镜像。镜像测试是用于判断智力水平的测试之一。这说明蝠鲼的智力不低。

目录

生存的智慧

地球上超过 96% 的水都在海洋中。虽然绝大部分海域还没有得到人类的勘探和研究，但仅在人类探索过的一小部分中，就已经发现了大量聪明的生物。大部分生物都有自己的生存策略，有些生物还能生活在极端的环境中。有些生物的智商在人类的测量和比较中脱颖而出，吸引了科学家的注意。

抹香鲸拥有地球上所有动物中最大的大脑。

种种迹象表明，海洋动物和陆地动物一样，也具备推理、记忆、解决问题、使用工具、识别、协作，以及沟通交流等多种能力，其中有些海洋动物似乎还能将它们的本领代代相传。这实在是超出我们的认知。人类是幸运的，拥有足够的智慧研究其中的奥秘。

和其他鲸类一样，抹香鲸有着自己的语言，它们会发出咔嗒声来相互交流。

我是谁？

很多动物都是伪装大师，其中拟态章鱼的模仿技能格外高明。它们不仅能伪装成另外一种生物，还能快速地变换各种伪装。拟态章鱼为了模仿不同种海洋动物，可以改变身体的形状、斑纹或颜色。无论是模仿比目鱼、魟鱼，还是海蛇、蓑鲉，对拟态章鱼来说都不在话下。拟态章鱼的这门绝技能够迷惑捕食者，让它们迟疑不决。拟态章鱼还相当聪明，知道自己在面对不同的捕食者时，如何采取最有效的伪装。

一起捕食

在太平洋东部的科隆群岛，渔民们曾在附近的海岸看到过这样的场景：成群结队的海狮把黄鳍金枪鱼围堵在封闭的海湾中，一同进行围捕。这种合作行为说明海狮具有较高的智力水平，它们知道如何通过沟通和计划，让捕猎行动取得最丰硕的成果。

捕猎行动通常由一只体形较大的雄性海狮牵头，带领其他较小的海狮围捕鱼群，将鱼群逼入浅滩。

扫码看视频

黄鳍金枪鱼体形大、游速快。它们的体重可达 60 千克，游速可达每小时 60 千米。

金枪鱼游动的速度比海狮快得多，然而海狮的大脑更发达，它们知道在开阔的海域捕捉到金枪鱼的机会微乎其微，因此它们改变策略，计划将金枪鱼赶进海湾。一旦进入“死胡同”，金枪鱼就唾手可得。

海狮群分散开来围捕金枪鱼。它们精心选择捕猎的地点，然后驱赶着金枪鱼进入狭小的海湾。有些金枪鱼识破海狮群的意图，逃回了大海，但海狮群很快就掌握了封锁出口的方法。它们的努力没有白费，每只海狮都抓到了一条美味的金枪鱼。一条金枪鱼的蛋白质含量是海狮日常进食所摄入的蛋白质的 5 倍。

砸呀砸呀砸

在高智商动物的排行榜中，鱼类的排名并不靠前。但是科学家发现，很多种鱼的智商并不低，它们具有预判、计划、使用工具，以及记住重要地点和行为的能力。

鞍斑猪齿鱼主要栖息在澳大利亚大堡礁一带，以蛤蜊等贝类为食。人们曾拍摄到鞍斑猪齿鱼用巧妙的手段收集贝类，破开贝类的硬壳。

一只鞍斑猪齿鱼游到珊瑚礁的边缘寻觅食物。它发现了一只半埋在沙子里的蛤蜊。为了让蛤蜊完全暴露出来，鞍斑猪齿鱼侧身对着蛤蜊，迅速闭合鳃盖，然后像水枪一样射出水流，将沙子“吹”走，然后获得美食。

这是一种微孔珊瑚，表面坚硬。中间凹陷的微孔珊瑚是鞍斑猪齿鱼的厨房。鞍斑猪齿鱼紧紧咬住蛤蜊，甩动身体，将贝壳撞向珊瑚。它的动作极其熟练，准确无误，几下就敲开了贝壳，贝壳里面的嫩肉露了出来……嗯，太美味了！

地上散落了许多破碎的贝壳，这说明鞍斑猪齿鱼经常砸壳取肉。

看鞍斑猪齿鱼的牙齿就知道猪齿鱼这个名字的由来了。

扫码看视频

好朋友，聊聊天

在海洋的很多区域都能看到宽吻海豚的身影。它们成群结队地生活和捕食，用咔嗒声、哨声和猝发脉冲声进行交流。小海豚在和妈妈一起游动时总是喋喋不休，这样可以和妈妈保持紧密的联系。

令人兴奋的是，科学家正在研究宽吻海豚是否能够和其他种类的海豚进行“对话”。在新西兰的海岸附近，人们曾观察到一群宽吻海豚和一群体形比它们大得多的海豚——伪虎鲸相聚的情形。

有人认为，海豚的个体之间相互认识。即使分别，再见面时也会打招呼。

这两群海豚相遇，很快就打成一片，仿佛彼此熟识。宽吻海豚似乎改变了它们的叫声，以便更顺畅地和这些伪虎鲸朋友“聊天”。

什么是回声定位？

海豚发出的咔嗒声“碰”到周围的物体会产生回声，海豚可以通过回声辨别物体的位置，这种功能就是回声定位。回声反射回来需要的时间越长，说明物体的距离越远。不仅如此，回声定位还能反映物体的形状、大小和移动速度，帮助海豚辨别这是它们想要捕食的对象还是躲避的天敌。

海豚特殊的头部构造能够帮助它们进行回声定位。海豚前额上有一大块凸起，被称为“额隆”。额隆里面充满了脂肪，它可以传导声音，也可以聚焦声音。科学家发现，海豚使用高频声音进行回声定位，用低频声音交流。

声音在海洋中的传播速度比在空气中快得多，再加上声音比光线更容易在浑浊或黑暗的海水中传播，所以在海洋里，海豚并不需要依靠视觉来了解周围情况。

地球警报

有很多体形较大的海洋动物因为人类的捕鱼活动受到了伤害。它们虽然不是人类捕捞的目标，却被渔网或渔线意外捕获，成为所谓的“兼捕渔获物”。海豚、海龟和海鸟都可能被渔网缠住而受伤，甚至死亡，而遭受同样噩运的海洋动物还不止这几种。

思维敏捷

非洲南部沿岸的巨藻森林中经常有一种叫真蛸的章鱼出没。它们最危险的天敌之一是带纹长须猫鲨，这种鲨鱼看上去像是穿着条纹睡袍，因此又被称为睡袍鲨。为了避免沦为捕食者的盘中餐，真蛸有着一系列机智的对策，比如伪装和变色，喷出一团墨汁掩护自己，通过喷水将自己向远离捕食者的方向弹射出去，迅速逃离。

一次偶然机会，摄影师的镜头幸运地捕捉到真蛸的绝妙反击。一只真蛸发现自己被一条带纹长须猫鲨困住了，于是它将自己极其灵活的腕足塞进带纹长须猫鲨的鳃里，让对方无法呼吸。带纹长须猫鲨为了自保只好认输，放真蛸离开。

扫码看视频

带纹长须猫鲨

带纹长须猫鲨长约 1 米，是一种体形相对较小的鲨鱼。这样的体形使它能够潜入缝隙中搜寻隐藏的猎物。但真蛸可以挤进更加狭小的空间，不过带纹长须猫鲨的嗅觉非常灵敏，常常能将猎物从藏身之处找出来。

真蛸

学名

Octopus vulgaris

分类

头足纲，八腕目，章鱼科

分布

主要在全球范围内的暖水海域

体形

体长为 30~130 厘米(含腕足)。

科学家经过大量的研究，认为真蛸的智商很高，它们的神经元数量与宠物狗相差无几。真蛸的神经元不仅存在于大脑里，还分布在 8 只腕足里。每只腕足上有超过 200 个吸盘，而每个吸盘上有 1 万个神经元。

辛勤的园丁

这些亮橙色的鱼是高欢雀鲷。在礁石上方，它们可以一起欢快地游戏，但对于自己安在岩礁上的家，它们则有着极强的领地保护意识。每条雄性高欢雀鲷都有属于自己的地盘，一旦发现其他生物入侵，它们就会叼起入侵者，远远地扔到地界之外，以此捍卫自己的领地。

高欢雀鲷的繁殖期开始于每年三月，这时成年雄性高欢雀鲷会精心准备一座海藻花园。它们会一点儿一点儿地啃咬自己的巢穴，清除一切多余杂物，并且驱赶所有的入侵者——主要是游进领地的海螺、海星、海胆等。

这座花园由雄性高欢雀鲷精选的几种红藻组成。雄性高欢雀鲷会仔细地将其修剪到最佳长度，以适合配偶产卵及存放鱼卵。

雄性高欢雀鲷知道自己必须保持最高的园艺水准，因为到了四月初，雌性高欢雀鲷就会前来寻找合适的产卵地点。花园维护的水平可能会影响雌性的选择，这在一定程度上决定雌性是驻足产卵，还是仅仅路过并继续寻找心仪的地点。

雄性高欢雀鲷既是园丁又是斗士，它们不仅保护自己的领地不被其他雄性侵占，还会在配偶产卵后立刻将配偶赶走。如果潜水员和摄制组越界，那么高欢雀鲷同样会攻击他们。

雄性高欢雀鲷不辞辛苦地将蜗牛逐一清除，并将夜间不请自来的海胆运走。

高欢雀鲷主要生活在美国加利福尼亚州的巨藻森林中，向南最远可至墨西哥的巴哈水域。除此之外，世界上其他任何地方都没有自然生长的高欢雀鲷。

高欢雀鲷体长可达 35 厘米，成年高欢雀鲷都是亮橙色的。

人们以前喜欢捕捉高欢雀鲷，当作观赏鱼来饲养，这使高欢雀鲷的野外种群数量越来越少。如今，生活在美国加利福尼亚州的高欢雀鲷已受到保护。

神秘绝活儿

这是白斑乌贼，它和真蛸一样，都是头足纲动物。虽然乌贼与蛞蝓、蜗牛这些软体动物有亲缘关系，但乌贼的智力却高得多。乌贼身上的色素细胞是其秘密武器，这些细胞可以让乌贼的皮肤瞬间改变颜色，帮助乌贼藏身、交流，甚至能对猎物起到类似催眠的作用。

像乌贼这样的软体动物容易受到螃蟹、大型鱼类、海豹、海豚等动物的攻击。为了避免被捕食者捉住，乌贼会改变皮肤的颜色和纹理，使自己与周围的环境融为一体，从而“消失”在捕食者的视野中。

乌贼的皮肤中有数百万个色素细胞，这些细胞可通过膨胀和收缩来改变皮肤的颜色和纹理。

白斑乌贼还会利用炫目的色彩来发动攻击。它周身闪烁着不同的颜色和图案，颜色变化之快令猎物晕头转向。当黑白相间的 V 形图案一遍遍从头到尾扫过白斑乌贼的身体时，猎物就像被催眠一般愣在原地，无法逃脱。随后，白斑乌贼发起攻击，甩出末端带有吸盘、可伸缩的长触腕，一举擒获猎物。

乌贼

什么是头足纲动物？

就生物分类学而言，海洋中的头足纲动物属于软体动物。软体动物大约有 10 万种，包括蜗牛、蛞蝓、帽贝、贻贝、蛤蜊、牡蛎等。枪乌贼、章鱼和乌贼等头足纲动物是单独的一类。头足纲动物的足长在头部周围，它们的足有一部分演化成了腕。

大王乌贼是已知体形最大的头足纲动物，可以长到 14 米左右。体形最大的章鱼则是太平洋巨型章鱼，腕足展开可达 5 米。它们都能从头部下方的管子中喷射水流，推动自己前进。

这类动物都有 8 条带吸盘的腕足，乌贼另外还有 2 条长触腕。它们大多数都有墨囊，在受到攻击时，会将墨汁喷入水中以迷惑捕食者，自己可以趁机逃走。

虎斑乌贼（又称法老乌贼）的外套膜边缘有一圈美丽的亮蓝色条带。它们皮肤的颜色可以从金属绿或金属蓝变为金色或银色，身体的图案也可以在斑点和条纹之间变换。虎斑乌贼身体上的色彩可以跳动、闪烁，用来吸引配偶、赶走潜在的情敌和与其他乌贼交流。

围捕妙计

海豚、鲸等鲸目动物以高智商而闻名。人类对它们进行大量的研究，以便进一步了解它们是如何交流和协作的。

扫码看视频

虎鲸长着一排排尖牙，绰号是“杀人鲸”，但它们其实是地球上体形最大的一种海豚。虎鲸生活在世界上不同的地方，它们捕食的猎物类型也有所不同，比如鱼、企鹅、海豹等。针对不同的猎物，虎鲸群会采取不同的捕猎方式。

虎鲸

学名

Orcinus orca

分类

哺乳纲，鲸偶蹄目，海豚科

分布

遍布全球海域

体形

雄性身长可达 9.8 米，体重可达 9 000 千克；雌性身长可达 8.5 米，体重可达 5 500 千克。

挪威海岸附近的虎鲸群捕捉鲱鱼的方式很特别。当鲱鱼聚集在峡湾中时，虎鲸群会团队协作，驱赶鲱鱼，使鲱鱼紧紧地挤在一起。当虎鲸在鱼群边缘游动时，它们会互相呼唤。

一旦鲱鱼被困在水面上，虎鲸就会使用它们的特殊武器。它们潜到鱼群下，用力拍打自己巨大而有力的尾巴，产生冲击波，将鲱鱼震晕。失去行动能力的鲱鱼再也无力逃脱，虎鲸便可以大口大口地吃鱼了。真是轻轻松松，大快朵颐！

虎鲸非常聪明，在围捕鲱鱼时，除了前面那一招，它们还会绕着鱼群游动，并且吹出气泡来吓唬鲱鱼群。鲱鱼吓得只能凭借本能聚集在一起，以应对“危险”。

团队协作在虎鲸的捕猎行为中起着重要作用。每只虎鲸承担的角色不同，执行的任务也不同，所以它们捕猎的效率更高。

摄影师注意到，虎鲸在捕猎海豹时，似乎会静悄悄地接近目标，这可能是为了防止对方察觉。

无处藏身

这些鱼是眶棘鲈鱼（又叫乌面赤尾冬鱼）。在夜间，它们小心翼翼地行动，以免遇到可怕的博比特虫。博比特虫长达 1 米，对眶棘鲈鱼来说很危险，因为它们会潜伏在沙子里，伺机扑向路过的鱼。然而，到了白天，巨大的博比特虫想不被发现就没那么容易了。

博比特虫生活在海底的洞穴里，借助沙砾和碎石隐藏自己。

博比特虫全身藏在沙里，只有摇摆的触手会从沙子里伸出来。这些触手能感知动静和嗅闻气味，从而帮助博比特虫在黑暗中捕食。

然而，机智的眶棘鲈鱼知道如何对付博比特虫。它们在洞穴入口处盘桓，并将水吹向洞口。

扫码看视频

眶棘鲈鱼制造的水柱冲走了沙子，使洞穴露出来，博比特虫的藏身之处也就随之暴露了。

为了躲避“水枪”的侵袭，博比特虫只得钻向更深的地方。这样一来，眶棘鲈鱼就可以自由安全地觅食了。

使用工具的高手

在海洋中生活不容易。海獭整日在广阔的海洋里游动、漂浮，几乎从不上岸，进食便成了难题之一。因此，它们需要巧妙地使用工具……

海獭食量极大，并且食物种类繁多，比如鱼、蟹、海胆、蛤蜊、贻贝、鲍鱼和虾等。这些食物大多都有坚硬的外壳。进食时，海獭会仰面漂浮在水面上，在胸口或腹部放一块石头，把坚硬的物体在石头上敲碎。海獭能把石头当作“砧板”，这说明海獭的智商在动物界算是佼佼者。

人类观察到的能够使用工具的海洋哺乳动物并不多，海獭是其中之一。

海獭通常独自进食，但到了休息时间，它们会大群地聚集在一起，看起来好像组成了一只筏子，有人称它为“海獭筏”。海獭休息时也是仰面漂浮，鼻子和脚趾朝向天空。为了防止自己被水流带到远离群体的地方，聪明的海獭会用生长在海床上的巨藻叶固定自己。

科学家曾经观察到一个由多达 2 000 只海獭组成的“超级海獭筏”。可惜，在美国阿拉斯加州东南海岸，虎鲸的捕食和人类的捕猎导致当地海獭的数量越来越少。

什么是关键物种？

海獭对其所处的生态系统极其重要，因此被视为“关键物种”。关键物种是指能够维系一个生态系统正常运作的动物或植物。失去该物种可能会对这个生态系统产生颠覆性的影响，使其发生剧变甚至消失。

关键物种可以是动物赖以生存的植物，也可以是控制猎物数量的捕食者。海獭是美国加利福尼亚州的关键物种，因为必须要有足够数量的海獭来吃掉入侵的海胆，否则海胆就会摧毁附近的巨藻森林。

还可以作为关键物种的动物有美洲河狸、灰狼、非洲象、蜜蜂等。海洋里也有多个关键物种，例如海星（如上图所示），它们帮助控制美国华盛顿州太平洋海岸线的贻贝数量；还有澳大利亚附近的鼬鲨，它们在海草床周围游动，迫使以海草为食的海龟不断移动，躲藏自己，从而阻止海龟在一个地方吃掉过多的海草。

扫码看视频

这条鞍斑双锯鱼运用自己的智慧找到了一个椰子壳，然后叫来同伴将其挪动到合适的位置。在那里，它用椰子壳扩建了自己的家，为配偶产卵提供了合适的场所。

家装改造

对自己的家感觉不太满意时你会怎么做？搬家是一种选择，但聪明的生物可能会对房屋进行改造，来满足自己的需求。

鞍斑双锯鱼通常在地毯海葵带刺的触手间安家。一般情况下，这个家可以提供保护、遮蔽和食物。到了要组建家庭的时候，当鞍斑双锯鱼的家里少一间“育儿室”时，它们就会家装大改造。鞍斑双锯鱼需要扩建一处坚硬的场所，可以让配偶在上面产卵。

鞍斑双锯鱼

学名

Amphiprion polymnus

分类

鱼纲，鲈形目，雀鲷科

分布

澳大利亚北部、新几内亚、东南亚的珊瑚礁及环礁湖

体形

体长不超过 13 厘米；雌鱼比雄鱼体形大。

松软的沙地并不适合雌性鞍斑双锯鱼产卵，于是雄性鞍斑双锯鱼开始寻找更合适的物体。贝壳太重，不行；塑料瓶太轻，也不行。这位准爸爸坚持不懈地寻找，终于找到了一个椰子壳。这几乎是最理想的选择，唯一的问题是离家太远。于是雄鱼和它的伙伴们一起沿着海底一点儿一点儿地推动椰子壳，将椰子壳推到合适的位置。

雄性鞍斑双锯鱼会先在附近海葵的触手上咬一下，使其回缩，这样可以腾出空间，把椰子壳挪到这里。随后，雌性鞍斑双锯鱼在这里产卵，雄鱼再让这些卵受精。

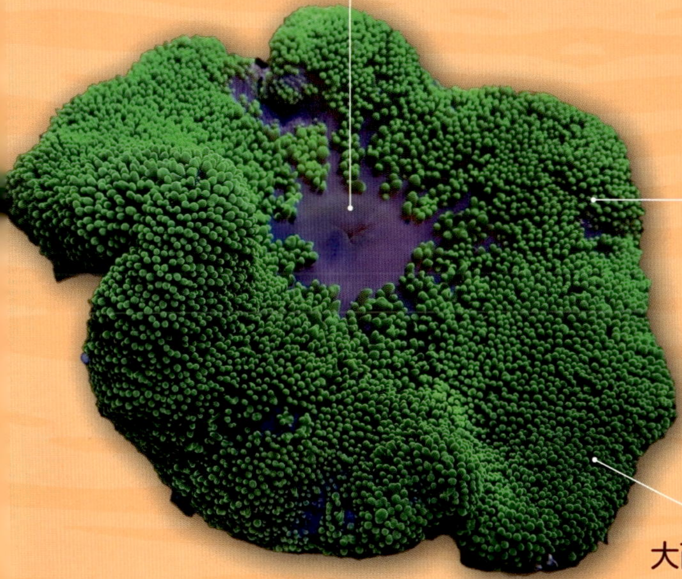

地毯海葵

坐享其成

短尾贼鸥可以称得上是“空中海盗”，因为它们并不会浪费时间和精力自己去捕鱼，而是直接冲向北极海鹦、海鸠等其他海鸟，窃取它们的捕猎成果。

短尾贼鸥搜寻着能够夺食的目标，然后俯冲而下，向目标发起突袭。

捕鱼对于这些黑白相间的鸟儿来说并不轻松。因为近岸处已经没有了可捕食的鱼，它们只好飞行很远的距离去捕捉小鱼来喂养雏鸟。为了寻找食物，北极海鹦父母一次能飞 100 千米远。

短尾贼鸥的翅膀构造使它们能够在飞行中灵活机动。

长途捕鱼的鸟儿归来时已精疲力竭，还不得不防备饥饿的短尾贼鸥前来夺食。短尾贼鸥在空中行动敏捷，速度极快，能够突袭机动性较差的北极海鹦和海鸠（如右上图所示），迫使它们丢下捕到的鱼，或者直接从它们口中夺鱼。

地球警报

曾经，海鸟在离巢不远的地方就能捕到鱼吃。但由于人类的过度捕捞，它们的食物已经消失殆尽。海鸟迫不得已，只能去更远的地方觅食。同时，气候变化和海洋变暖也对海鸟的食物供应造成了巨大影响。

北京市版权局著作权合同登记　图字：01–2024–3668

图书在版编目（CIP）数据

蓝色星球．Ⅱ．生存秘诀 /（英）丽莎·里根文；管靖译．-- 北京：科学普及出版社，2025. 1. -- ISBN 978-7-110-10769-0

I. P7–49

中国国家版本馆 CIP 数据核字第 202423NB31 号

Picture credits:

Front cover, 30 Photograph Copyright Jason Isley;
6 Photograph copyright Richard Wollocombe 2017;
9b Photograph Copyright Alex Vail 2017;
10 Photograph by Jonathan Smith Copyright BBC NHU 2017;
11l Photograph Copyright Richard Robinson 2017;
16 Photograph copyright Claudio Contreras Koob;
18 Photograph Copyright Justin Hofman;
9tr, 12, 15, 19tl, 26, 35tr Copyright BBC 2017;
All other images copyright © BBC, 2017
with the exception of the following images which are courtesy of Shutterstock.com:

2 Aaronejbull87; 4 Shane Gross; 5 Divelvanov; 13tl wildestanimal; 13tr Aerial-motion; 13b Vladimir Wrangel; 14 Joe Belanger; 19b KT photo; 20 Richard Whitcombe; 23t, 24 Tory Kallman; 28 ROBERT67; 29tl Neil Aronson; 29tr Danita Delmont; 29bl Goldilock Project; 33bl Vojce; 34 RUBEN M RAMOS; 34bl Andywak

蓝色星球II

BLUE PLANET II

千姿百态

[英] 丽莎·里根 文 管靖 译

科学普及出版社

·北 京·

科学家认为，地球上的生命可能起源于约40亿年前的海洋。从温暖的浅海海域到最黑暗的海沟深处，生活着不计其数的海洋生物，科学家已经发现和命名了大约23万个独立的物种。这些海洋生物各具魅力，其中一些更是格外引人注目。

目录

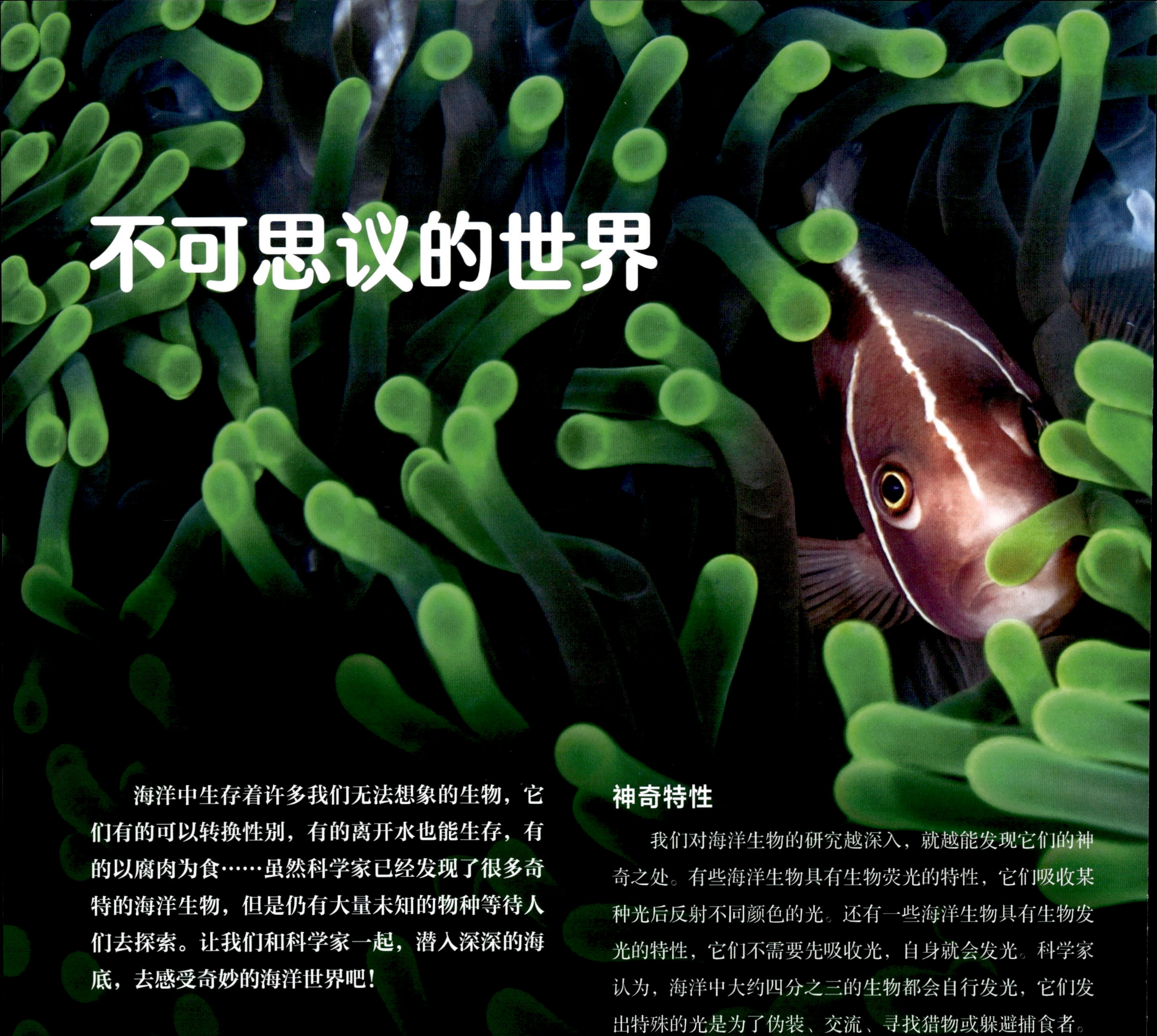

不可思议的世界

海洋中生存着许多我们无法想象的生物，它们有的可以转换性别，有的离开水也能生存，有的以腐肉为食……虽然科学家已经发现了很多奇特的海洋生物，但是仍有大量未知的物种等待人们去探索。让我们和科学家一起，潜入深深的海底，去感受奇妙的海洋世界吧！

神奇特性

我们对海洋生物的研究越深入，就越能发现它们的神奇之处。有些海洋生物具有生物荧光的特性，它们吸收某种光后反射不同颜色的光。还有一些海洋生物具有生物发光的特性，它们不需要先吸收光，自身就会发光。科学家认为，海洋中大约四分之三的生物都会自行发光，它们发出特殊的光是为了伪装、交流、寻找猎物或躲避捕食者。

有些水母的颜色
鲜艳夺目。

奇妙生物

水母是一类奇妙的海洋生物。它们已经在地球上生存了数亿年，比恐龙出现得还要早。水母没有大脑、心脏和肺，一般不具有硬体骨骼，它们的身体几乎是透明的，含水量可达 97%。它们看起来像是不太会游泳的样子，但实际上它们在水中既能上下穿梭，也能逆流而行，可以游到任何它们想去的地方。水母可以穿越整个海洋，用长长的触手螫刺并缠住猎物，再吃掉它们。

“她”变成“他”

这种奇特的鱼叫金黄突额隆头鱼，分布在中国、日本和韩国附近的海域。雄鱼长约 1 米，重达 15 千克，体形比雌鱼大得多。它们的显著特征是额头上的大“鼓包”、显眼的牙齿和突出的下巴。

扫码看视频

这是一条雌性金黄突额隆头鱼。显而易见，它比雄鱼要小得多。

金黄突额隆头鱼有一个惊人的特性：它们出生时都是雌性，长到一定大小时，就能从雌性变成雄性。任何雌鱼从大约 10 岁开始，只要个头长得足够大，就能发生这种突变。届时，雌鱼体内的一些酶会停止工作，雄性激素取而代之，开始发挥作用。这使得雌鱼的额头渐渐隆起，下巴越来越长……最终变成了一条雄性隆头鱼。

小把戏

每到繁殖季节，数以万计的伞膜乌贼聚集在澳大利亚附近的浅水水域交配和产卵。它们通过身体上绚丽的条纹相互交流，如果雌性呈现出白色条纹，则表示它们不想交配，但雄性可能会略施小计，来达到自己的目的。

伞膜乌贼的寿命很短，只有 2~3 年。一旦交配完成，它们就会相继死亡。

伞膜乌贼擅长变色和伪装，它们常常依靠非凡的变色能力，与周围的环境融为一体。但在繁殖期间，一些体形较大的雄性会炫耀自己的色彩，来吸引异性。它们凭借硕大的体形、强健的肌肉和亮丽的色彩来守卫自己选中的配偶，同时还会寻找其他愿意交配的雌性，尤其是那些尚未交配的雌性。

雌性伞膜乌贼也会耍一些小伎俩。它们有时会在身体的一侧呈现出白色条纹，以此打消大型雄性乌贼交配的念头，但身体的另一侧却没有显现出白色条纹，因为蛰伏在那一侧的是个“伪装者”。

体形较小的雄性伞膜乌贼有时会另辟蹊径，用不同的方式与大块头的雄性竞争。它们并不正面对抗，而是使出乔装改扮的把戏——伪装成雌性伞膜乌贼。它们会利用自身较小的体形，收起腕，淡化原本鲜艳的颜色，展现出白色条纹，使自己看起来像雌性。这样一来，它们就能神不知鬼不觉地躲开大型雄性，之后再换回自己雄性的本貌，以吸引交配对象。完成交配后，它们就会迅速重新伪装成雌性，以免成为大型雄性攻击的目标。

扫码看视频

盛宴狂欢

哈尼法鲁湾位于马尔代夫的芭环礁，是一个美丽的珊瑚潟湖，面积与一个足球场差不多大。潟湖中时常聚集大量的浮游生物，每到这时，就会有数以百计的蝠鲼前来觅食。

出现在这里的蝠鲼大多数是阿氏前口蝠鲼，其胸鳍展开宽度约为 3 米；还有一些是双吻前口蝠鲼，胸鳍展开为 5～7 米。

蝠鲼进食的方式多种多样，令人叹为观止。它们有时会潜入海底寻找食物，有时则浮出海面觅食；有时会张开大嘴，在海水中来回穿梭，让水流将食物送入它们口中；有时还会在水中翻腾360度，划出优美的环形，将浮游生物聚集起来，卷入口中。

蝠鲼协同捕食时，场面最为壮观。50多条蝠鲼首尾相接，围绕一个中心快速游动，在海水中形成“蝠鲼龙卷风”，将浮游生物卷入漩涡之中，随后大快朵颐。

蝠鲼头鳍的作用类似于人类的手臂，可以拨动海水，将浮游生物导入宽大的口中。

蝠鲼又叫“魔鬼鱼”，因为它们的头鳍看起来像人们想象中魔鬼的角。

双吻前口蝠鲼

学名

Mobula birostris

分类

软骨鱼纲，燕魟目，蝠鲼科

分布

全球热带、亚热带及温带海洋

体形

胸鳍展开宽度可达 7 米，体重可达 1 350 千克。

特征

身体大而扁平，呈菱形，胸鳍呈三角形；口宽大；两只头鳍形状似角，位于头部前端。

水中“彩绘”

这些色彩鲜艳、图案鲜明的海洋生物是裸鳃类动物，是海蛞蝓的一个类群。它们身体柔软，没有外壳，体长从几毫米到几十厘米不等。它们的口腔底部长着锉刀一样的齿舌，可以刮食海葵、海绵、珊瑚和藻类，有时也吃其他的裸鳃类动物。

裸鳃类动物有 3 000 多种，分布在世界各地的浅海海域。它们的头部通常长着一对形似牛角的嗅角，可以用来寻找食物。它们通过背部裸露的羽状鳃呼吸。

裸鳃类动物的颜色来自它们吃的食物。它们有些还能吸收食物中的毒素，在遇到危险时将这些毒素释放出来，保护自己。

裸鳃类动物和陆地上的蜗牛和蛞蝓一样，都属于腹足类软体动物。它们都是利用身体下方发达的肌肉“足”来移动。裸鳃类动物长有外套膜——一种覆盖在身体上的膜状物，包括类似裙边的部分，可以帮助它们移动。有些裸鳃类动物的外套膜又大又华丽。

地球警报

裸鳃类动物广泛分布在世界各地的海洋中，因此面临的威胁也因地而异。常见问题包括栖息地丧失、非法和破坏性捕捞以及海水污染。气候变化将会引起越来越多的极端天气，比如强热带风暴和台风，这也会破坏裸鳃类动物的栖息地。

巧妙伪装

这种形态优雅的生物是叶海龙，它们与海马是近亲。叶海龙周身装点着很多精巧纤薄的叶瓣状附肢，可以帮助它们伪装成海藻，隐藏起来。然而这种伪装是有代价的——叶海龙仅有两只鳍能在水中起推进作用，因此它们游动的速度非常慢。

叶海龙的伪装十分逼真，其他海洋生物会把它们当成巨藻，甚至还在它们的“叶片”间游来游去。

叶海龙

学名

Phycodorus eques

分类

硬骨鱼纲，刺鱼目，海龙科

分布

澳大利亚南部和西部浅水海域

体形

平均体长约 35 厘米。

孵育及照顾后代的任务由雄性叶海龙承担，这在动物界中并不常见。雌性叶海龙只要将卵排放到雄性叶海龙尾部下方的卵托上，就算完成了自己的使命。之后，雄性叶海龙会独自孵育并保护受精卵，直到约 8 周后幼体从卵中孵出，进入水中。

叶海龙会捕食小型浮游生物，它们用长长的吸管似的嘴把猎物吸进嘴里。它们的嘴很小，头却很大，这使得它们能够产生类似真空的吸力。

地球警报

叶海龙曾一度被人类捕捉作为宠物或用于传统医药，导致其数量急剧减少。澳大利亚政府已将叶海龙列入保护物种。现在，捕捞叶海龙需要许可证，并且在捕捞的数量上也有严格限制。

岩石上的鱼

我们都知道鱼生活在水里，这是鱼类最基本的特性之一。它们通过鳃呼吸，身体呈流线型，靠鳍来游动。不过也有例外，有些鱼类就跃上了陆地并在那里生活——太平洋跳弹鳚就是如此。

跳弹鳚幼年时生活在海洋里，几周之后就会来到陆地上，度过它们的成年时代，但是它们不能完全远离水源。

跳弹鳚用牙齿从岩石上刮食绿藻。

跳弹鳚是一种小型鱼类，体长只有 8 厘米左右，相比之下，它们攀爬的岩石显得非常大。跳弹鳚可以将它们的尾巴扭转 90 度，一跃而起，弹跳到更高的地方。它们离水而居，以岩石上生长的藻类为食。

跳弹鳚的皮肤通常是斑驳的棕色，这让它们更容易融入周围的环境。不过，雄性跳弹鳚的背鳍上有一部分是橙色的，雄鱼会亮出背鳍来吸引雌鱼交配。为了让背鳍的橙色显得更加鲜亮，雄鱼还会把它们的皮肤变成黑色。雌鱼将卵产在岩石中雄鱼的巢穴里，雄鱼给卵授精并守护它们直到孵化。

鱼类是如何呼吸的？

大多数鱼类终身生活在水里，它们呼吸的方式与哺乳动物不同。

哺乳动物通过口鼻吸入空气。空气进入肺部后，其中的氧气分离出来，进入血液并被输送到全身各处加以利用。

水的含氧量不及空气，因此鱼类采用另一种呼吸方式。鱼通过嘴吸入水，再通过身体两侧的鳃将水排出体外。当水流过鱼鳃时，氧气会被截留下来。鳃的表面积很大，因此能有效地截留氧气。

跳弹鳚已经适应了离开海洋的生活，除了用鳃呼吸，它们还可以凭借皮肤上的黏液吸收空气中的氧气。但是，它们必须依靠海浪溅起的水让身体保持湿润，一旦皮肤完全变干，无法吸收氧气，它们就会窒息死亡。

跳弹鳚

学名

Alticus arnoldorum

分类

硬骨鱼纲，鲈形目，鳚科

分布

印度洋和太平洋上的多个岛屿及附近的浅水水域

体形

体长为 8~10 厘米。

特征

身体细长，颜色与其生活的岩石相近。

扫码看视频

噼啪巨响

这些体形微小的生物可能并不起眼，但却知道如何彰显自己的存在感。它们就是鼓虾，又叫枪虾。它们发出的声音之大甚至能将猎物震晕。

鼓虾的螯发出的声音比枪声还响。

鼓虾有两只不对称的螯，其中一只比另一只要大得多。较大的那只螯迅速合拢时会在水中形成气泡，气泡破裂时能发出响亮的爆破音，与此同时伴随着闪光，产生的巨大冲击波足以把小鱼击晕。

鼓虾还会通过发出声音来相互交流，珊瑚礁上最响的那些声音就是它们发出来的。据说，如果很多鼓虾一起发出噼啪声来“聊天”，听起来就像是培根在煎锅里刺刺作响。

鼓虾

大多数鼓虾把螯当作武器，来震慑试图入侵它们洞穴的捕食者或潜在对手。有些种类的鼓虾会与一类叫作虾虎鱼的小鱼共享洞穴，愉快地生活在一起。当鼓虾寻找食物或用螯挖洞的时候，虾虎鱼就负责“站岗放哨”。一旦虾虎鱼发出警戒信号，它们就会双双潜入洞穴内，躲避危险。

深海萌物

深海中的奇妙生物数不胜数。很多生物发着光，在黑暗中潜行。有些生物长着巨大的獠牙，可以捕食深海为数不多的猎物，而这只加利福尼亚面蛸（俗称烙饼章鱼）看起来却更像是玩具店里常见的可爱公仔。

扫码看视频

加利福尼亚面蛸经常被人们误认为是烟灰蛸（俗称小飞象章鱼），因为它们的头上都长着一对大大的、像大象耳朵一样的鳍。加利福尼亚面蛸的腕又短又粗，腕与腕之间连在一起，就像蹼一样。它们的眼睛大大的，十分呆萌。它们的身体还可以平平摊开，变得又扁又薄，因此得名“烙饼章鱼”。

加利福尼亚面蛸的平均体长
不超过 20 厘米。

加利福尼亚面蛸贴着海底，来回游动，在层层泥沙中搜寻理想的食物——蠕虫。如果感觉到危险，它们会突然加速，像子弹一般迅速离去，好似在水中飞行一样。

大鼻子，大块头

这些海豹身形庞大，长着长鼻子，灰色的皮肤皱巴巴的，难怪会被叫作象海豹。南象海豹比北象海豹大得多，体长可达 6 米。体形最大的雄性象海豹可谓是“海滩霸主”，它们统治着自己的领地，并且享有与一群雌性象海豹交配繁殖的权利。

在海洋里，象海豹是强壮、敏捷的游泳健将，能在水中轻松地游来游去。然而，在陆地上，庞大的身躯使得它们行动不便。它们的前肢末端长着指甲，有助于它们在布满岩石的海滩上爬行。象海豹属于鳍足目，但与一些鳍足类动物不同的是，象海豹无法通过向前翻转后肢推动自己在陆地上前行，只能拖着笨重的身体移动。

南象海豹是世界上最大的海豹，体重可达 4 吨，最大的能有一个标准集装箱那么长！

雄性象海豹比雌性象海豹重好几倍。雄性之间常常发生争斗，可怜的象海豹幼崽经常面临被它们踩踏和压扁的危险。

只有雄性象海豹才有超大的“象”鼻子。在交配季节，它们的象鼻可以膨胀起来，使它们发出极其响亮的吼叫声，以示炫耀。雄性的象鼻会随着年龄的增长而变大。

雌性象海豹通常一次产下一只幼崽，然后独自照顾幼崽一个月左右。雌性象海豹在哺育幼崽期间不吃东西，而是靠之前储存的脂肪来维持生命。这层脂肪还能帮助它们保持温暖，以便在南极附近冰冷的海水中度过数月。

名鲨面孔

这一独特的面孔属于世界上最不寻常的鲨鱼之一——路易氏双髻鲨，全球海域中都能看到这种双髻鲨的身影。

双髻鲨的眼睛长在宽大头部的两侧，因此视野更开阔。它们在游动时会左右摆动头部，以便看清周围的一切。双髻鲨的头部有额外的感知器官，被称为劳伦氏壶腹，可以检测到猎物发出的电信号，甚至隐藏在海底的鳐鱼它也能检测到。

路易氏双髻鲨

学名

Sphyrna lewini

分类

软骨鱼纲，真鲨目，双髻鲨科

分布

热带和温带的近海海域

体形

长达 4 米，重达 150 千克。

什么是反影伪装?

海洋里的各种生物都会以水面为背景隐藏自己，而它们中有很多都是利用颜色来实现这一点——它们的腹部是浅色，而背部是深色。这就是所谓的反影伪装，鲸、企鹅、鲨鱼等动物都是如此。

观察的视角自上而下时，深色的背部使动物与其下方较暗的水域融为一体。而视角自下而上时，近水面处由于阳光的照射显得更加明亮，在这样的背景之中，浅色的腹部就更加不显眼。背部和腹部的这种颜色差异还会使动物的影子扭曲，让它们更难被发现。

海星的诱惑

季节变化会在海洋中引发一些重大事件。春季是南半球海星繁殖的季节，随着海水在阳光的照射下变暖，越来越多的海星用它们的管足感知到了温度的变化，准备开启一场惊人的产卵行动。

海星纷纷爬到海底隆起的最高处，当温度适宜时，它们就会开始大量产卵，把数以百万计的卵子和精子排入水中。大部分的海星卵都无法长成成熟的海星，因为在此之前它们有可能就被吃掉了。

海星的生殖器官位于其腕部。

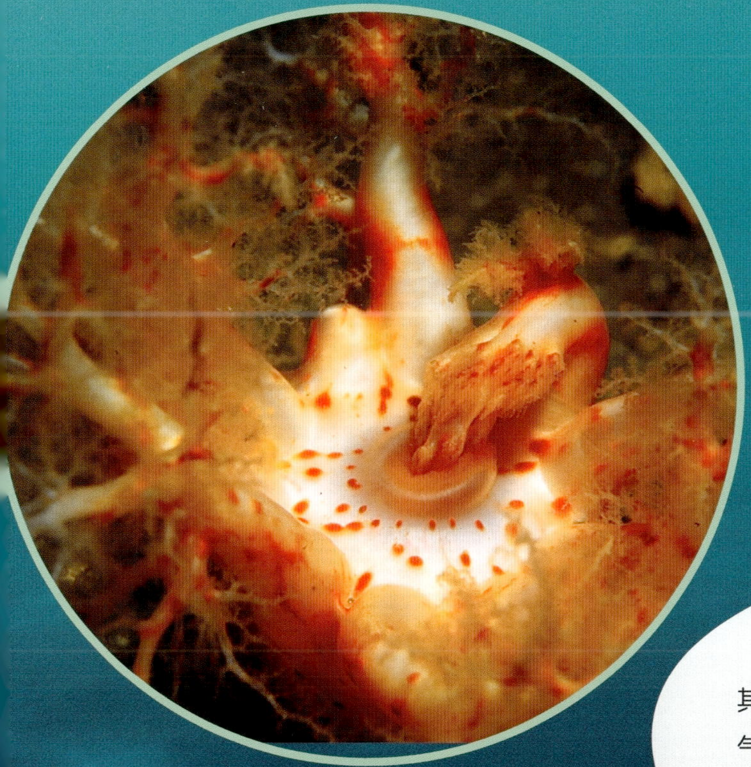

海参是海星卵最大的天敌之一，它们有 10 条像树枝一样的触手，可以抓取海星卵并送入口中。羽毛状的海鳃也以海星卵为食，它们身上布满了水螅体，水螅体长着触手，可以捕捉海星卵。

海星有数百条管足，其腕部尖端的管足对水中的气味很敏感，因此海星能够感知到哪里有食物。

“睡袋”魔法

夜晚对鱼类而言可能是危险的时段，一旦夜幕降临，很多鱼就会躲藏起来，期盼在太阳升起之前不被捕食者发现。

鹦嘴鱼会在珊瑚礁中寻找缝隙来过夜。不过，为了保持安全和隐蔽，鹦嘴鱼所做的不止于此。它们还会从嘴里吐出黏液，形成一个透明的黏液茧，包裹住整个身体。这个黏液“睡袋”具有多种保护机制，它可以锁住鹦嘴鱼的气味，以免气味在水中扩散，引起鲨鱼等捕食者的注意。

黏液茧还能发挥类似警报器的作用。如果有其他动物碰到黏液茧，鹦嘴鱼就会第一时间感知到危险，然后迅速逃走。

黏液茧可能还有第三个作用——在鹦嘴鱼静止不动时保护其身体不受虱子等寄生虫的侵害。人们认为黏液中含有抗生素，可以清除致病微生物。

和其他鱼类一样，鹦嘴鱼也没有眼睑，所以睡觉时无法闭上眼睛。

海中打盹

长久以来，科学家一直想知道鱼是否睡觉。他们发现，鱼和人类以及很多其他生物一样，也有休息的时候，其间它们的心率变慢，活动受限。它们有的也具有人类一样的生物钟，夜间休息，白天活跃。

北京市版权局著作权合同登记　图字：01–2024–3668

图书在版编目（CIP）数据

蓝色星球．Ⅱ．千姿百态 /（英）丽莎·里根文；管靖译．-- 北京：科学普及出版社，2025. 1. -- ISBN 978-7-110-10769-0

I. P7–49

中国国家版本馆 CIP 数据核字第 2024Q9K291 号

Picture credits:

Front cover, 10 Photograph Copyright Hugh Miller 2017;
6 Photograph copyright Tony Wu;
29t Photograph by Will Ridgeon Copyright BBC NHU 2017;
7b, 27 Copyright BBC 2017;
All other images copyright © BBC, 2017
with the exception of the following images which are courtesy of Shutterstock.com:

2 Rich Carey; 4 Cingular; 5 Chai Seamaker; 12l divedog; 12b Richard Whitcombe; 13tr Yann Hubert; 13b wildest animal; 14 SergeUWPhoto; 15 Aaronejbull78; 16 kaschibo; 17tl Istvan Kovacs; 17cl lisnic; 17br Kitjapat Film; 18 jwblinn; 19m AshtonEa; 19t Bonnie Taylor Barry; 20 J nel; 21tr aquapix; 22 Andi111; 24t Vojce; 24b Horvath82; 25t Gerald Robert Fischer; 25b Song Heming; 28 David Osborn; 29tl fieldwork; 29br Jeremy Richards; 30 Andy Deitsch; 31tl Nicolas-SB; 31bl Joe Dordo Brnobic; 31tr Fiona Ayerst; 32l Ethan Daniels; 33tl valda butterworth; 33r Rocky Cranenburgh; 34 Tidewater Teddy; 35t S J Carr; 35b Angelo Giampiccolo

蓝色星球II

BLUE PLANET II

自然奇观

[英]丽莎·里根 文　管靖 译

科学普及出版社
·北　京·

全球海域中充斥着捕食者，拥有光滑流线型身形的敏捷猎手会追逐体形较小的鱼类。躲避捕食者的方法之一是完全离开海水，像令人惊叹的飞鱼就选择了这样的方式。地球上有 40 多种飞鱼，它们的胸鳍都很大，可以起到类似于翅膀的作用。飞鱼在水中快速滑行，摆动分叉的尾鳍，借力跃出海面，能在空中滑翔长达 400 米的距离。

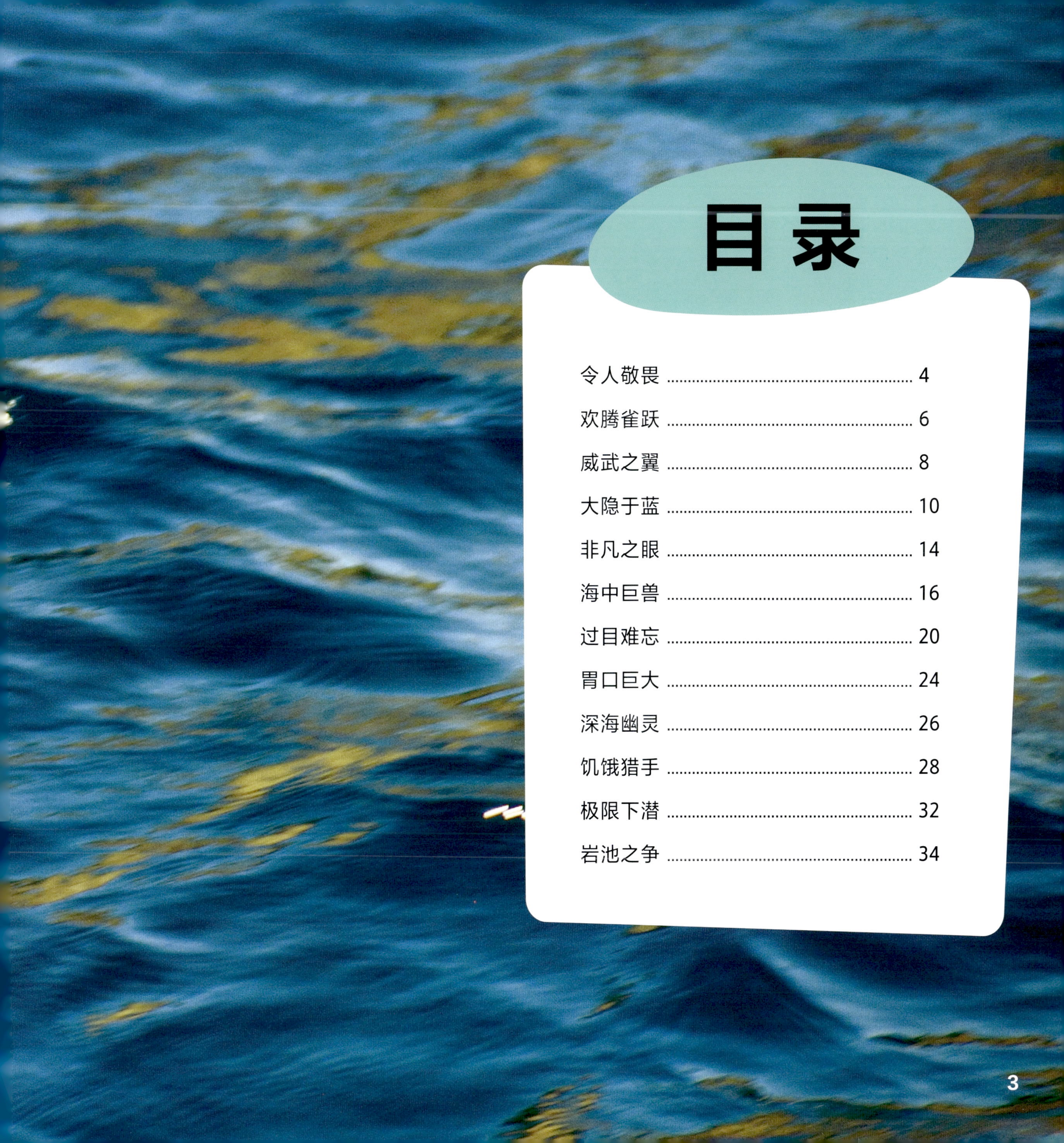

目录

令人敬畏

海洋面积广阔，对全球环境和人类生活影响巨大。它容纳了地球上约 96.5% 的水，人类呼吸所需氧气有半数以上都产生于海洋。海洋帮助调节气候，同时为世界各地的人提供食物和运输航道。

壮阔的海浪潜藏巨大的能量，可以为我们所用。海洋波浪能几乎是一种取之不尽的能源，未来可能作为清洁的可再生能源，用于发电，供给城市和乡镇。海底有庞大的电缆网络，这些电缆将数据传输到世界各地，全球有 99% 的数据都是经由海底电缆传输的。

英国广播公司的摄制组在南非狂野海岸为纪录片《蓝色星球 Ⅱ》拍摄海豚时，目睹了这一地区五年来最大的海浪。

暴击！

这是一只石纹电鳐，它们了不起的地方在于它们的捕猎方式：它们用自己圆盘状的身体将猎物覆盖住，然后放电电晕猎物。石纹电鳐可以产生高达45伏特的直流电，足以电晕潜水员。

海洋是许多神奇生物的家园。从地球有史以来体形最大的动物，到几乎不会游泳却能上演迷人发光秀的微小浮游生物，海洋生物多种多样。

欢腾雀跃

这是蝠鲼，也被称作飞天鳐，因为它们像会飞的鳐鱼。它们聚集成大群，有时一次会有数百甚至数千只，一起捕食被称为浮游动物的微小海洋生物（见第 25 页）。

蝠鲼胸鳍展开后，身体呈菱形，宽可达 5 米。尽管体形庞大，但是它们可以轻盈地跃出海面，“飞”到离海面 2 米高的空中。蝠鲼独自或者和同伴成群跃出海面，有时还会在空中转体、翻跟头，然后落回大海，溅起大片水花。

科学家不清楚蝠鲼为什么会有这种腾空行为，他们推测可能是为了和同伴交流或向异性炫耀，也可能是为了去除身上的寄生虫。当它们落入大海时，入水声非常大，或许这种声响具有某种作用，亦未可知。

蝠鲼是游泳健将，它们可以利用巨大的、像翅膀一样的胸鳍在水中滑行。

扫码看视频

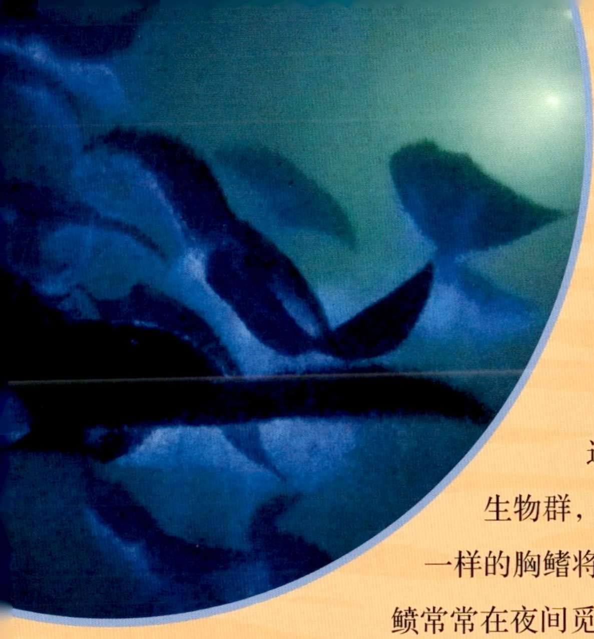

进食时，蝠鲼游过浮游生物群，用头两侧的头鳍和翅膀一样的胸鳍将浮游生物拨入口中。蝠鲼常常在夜间觅食，因为夜晚浮游生物会离开深海，游向海面。蝠鲼在浮游生物群中穿梭时，会引发浮游生物发光，从而在水中形成闪烁的蓝光漩涡。

什么是生物发光？

浮游生物产生的迷人蓝光是海洋生物发光的一个例子。浮游生物可以利用细胞内的特殊化学物质组合发光。

浮游生物发光可能是一种防御方式，为了吓跑捕食者；或是为了照亮捕食者，暴露它们的行踪，吸引更高一级的捕食者过来将它们赶跑。海浪运动或其他干扰，如船划过水面，也会触发浮游生物发光。

威武之翼

漂泊信天翁是世界上最大的鸟类之一，几乎全部时间都在空中度过。它们长着巨大的翅膀，可以在高空滑翔数小时而无须扇动翅膀。这种飞行方式耗能少，它们在空中飞行消耗的能量没有比待在地面多多少。漂泊信天翁习惯在海上漂泊，有时待在海上两年也不返回陆地。

漂泊信天翁的翼展是地球上所有鸟类中最长的，它们的翅膀伸展开来甚至是普通轿车的两倍宽。

漂泊信天翁一般只在聚集繁殖时才会返回陆地。它们每年都回到同一个筑巢地点，仿佛拥有卫星导航一样的能力，它们总能找到回家的路。在筑巢地点，它们通常会寻找之前的伴侣，即使在成百上千只信天翁中，它们也能找到对方。重逢时，它们会张开翅膀、翩翩起舞，并用喙发出“嗒嗒”声，表示对彼此的喜爱和认可。

这些迷人的鸟的寿命
可达 60 年，一生中最多
可哺育 20 只雏鸟。

它们的年纪越大，羽毛会
变得越白。

漂泊信天翁

学名

Diomedea exulans

分类

鸟纲，鹱形目，信天翁科

分布

亚热带和南极海域

体形

体长可达 1.35 米；翼展可达 3.5 米；
体重 6~12 千克。

特征

独特的钩状喙；大部分羽毛呈白色，
翅膀上的羽毛呈灰黑色。

大隐于蓝

海洋中有些区域就像是漫无边际的蓝色荒漠，相比于熙熙攘攘的珊瑚礁或浅海湾，这些广阔而空旷的海域中生物数量要少得多。然而，这部分广阔的海域是一些长途旅行者的家园，例如形似鱼雷、身体呈流线型的大青鲨。

大青鲨得名于它们青色的身体，这样的体色能帮助它们伪装，从而隐藏在广阔的海洋中。

科学家认为，这种身体呈流线型的生物完全适应了长途旅行的生活，它们利用翼状鳍在水中滑行，这种游动方式消耗的能量最少。人们认为大青鲨一年能游 8 000 多千米。大青鲨在旅行过程中会上浮或下潜，在海洋的不同深度觅食。不过即便数周不进食，它们也能存活。

鲨鱼如何寻找食物?

鲨鱼利用嗅觉、听觉和触觉来探测水中的猎物。除了极其灵敏的嗅觉，鲨鱼还有敏锐的听觉，它们的头两侧有耳孔，能够听到人类听不到的声音，甚至能分辨出受伤和体弱的猎物发出的动静。

确定猎物的位置时，鲨鱼的触觉也很好用，它们的皮肤和牙齿都分布有神经末梢。许多鲨鱼会通过“试探性咬”来判断物体是否可以食用，这也是鲨鱼攻击人类的主要原因。鲨鱼的身上还有侧线，即身体两侧从头部一直延伸到尾部的一排小孔。侧线可以感知压力变化，帮助鲨鱼“感觉”皮肤没有直接接触的东西，比如猎物在水中的运动。

可怕的鲨鱼还有一种神奇的感官能力，叫作电感受。它们身上有被称为劳伦氏壶腹的感受器，可以捕捉到微弱的电信号，例如生物体肌肉发出的电信号。利用这种电感受能力，它们可以找到附近的猎物，即使是躲藏起来的猎物也难以逃脱鲨鱼之口。

大青鲨大约三分之一的大脑用于处理气味信息。它们主要依靠鼻子找寻下一餐，敏锐的嗅觉是它们最好的食物探测器。有研究认为大青鲨能从 10 亿滴水中嗅出一滴异物的气味，这大约相当于在一个普通家庭游泳池（指宽约 5.5m，长约 11m，深约 1m 的游泳池）中嗅出一滴血。

科学家使用 GPS 标记跟踪大青鲨，
记录下它们长达数千千米的旅程，
这个距离相当于横跨太平洋。

非凡之眼

斑琴虾蛄也叫斑马纹螳螂虾，它们是世界上现存体形最大的虾蛄，体长比你的前臂长一点，力气很大，可不是好惹的家伙。这种虾蛄的前螯是它们的武器：尖利的螯爪能以迅雷不及掩耳之势刺穿猎物。

斑琴虾蛄能在击穿猎物之前，准确地锁定目标，靠的是非凡的视觉能力。它们的眼睛非同寻常，结构复杂，功能强大，在整个动物王国中数一数二。

斑琴虾蛄的两只大眼睛长在眼柄末端，能各自独立活动。每只眼睛都由三部分组成，每一部分功能不同，分别能看到不同的光。这种结构让它们能精确地目测距离，准确地判断猎物的位置。

斑琴虾蛄的眼睛结构非常精妙，它们看到的色彩比人类看到的更丰富。

扫码看视频

斑琴虾蛄对光的感知能力远远超过包括人类在内的许多生物。人眼有 4 种光感受器，而斑琴虾蛄的眼睛有 16 种光感受器。

斑琴虾蛄能看到偏振光，包括线偏振光和圆偏振光，候鸟也能看到线偏振光，但目前人们认为只有斑琴虾蛄能看到圆偏振光。科学家认为，斑琴虾蛄会利用只有同类才能看到圆偏振光进行秘密交流。

斑琴虾蛄不断转动眼睛，四处扫描，来监视周围的情况。

海中巨兽

座头鲸是一种令人敬畏的生物，有很多让人惊叹的特征：它们体形巨大，体长可达 19 米，差不多和保龄球道一样长；它们的鳍肢有 5 米长，它们经常侧身举起鳍肢，拍打水面；它们的尾鳍也非常宽大，不仅能推动它们在水中前进，还使它们能跃出水面。

座头鲸的洄游距离相当远，比大多数哺乳动物的迁徙距离，尤其是海洋哺乳动物的迁徙距离都要远。一些座头鲸会在它们的冬季交配区（温暖海域）和夏季觅食区（冷水海域）之间进行长达 8 000 千米的迁徙。它们可以快速完成长途旅行：有些只需 28 天就能从阿拉斯加游 5 000 千米到达夏威夷。

这些非凡的生物还因它们发出的声音而闻名。雄性座头鲸会对着其他座头鲸高声“歌唱”，可能是为了吸引雌性座头鲸或让其他座头鲸知道自己就在附近。它们的歌声可持续 30 分钟，既有低沉的隆隆声，也有高亢的鸣哨声和尖叫声，这些复杂的声音可以在海洋中传播很远很远。除此之外，雄性座头鲸和雌性座头鲸都能用呻吟声、“嗤嗤”声和“咕噜”声等声音进行交流。

一头成年座头鲸一口能吞下大量的鱼，它们朝着鱼群的一次上冲就能捕获多达 100 千克的鱼。

如果你正在观鲸，能表明附近有座头鲸的最初迹象就是它们用头顶呼吸孔呼气时产生的“喷泉”，这种壮观的鲸鱼“喷泉”可高达 3 米，人们离很远都看得到。尽管体形庞大，座头鲸却以体形很小的猎物为食，包括磷虾、浮游生物以及像鲱鱼和沙丁鱼这样体形较小的鱼。座头鲸属于须鲸小目，须鲸小目包含一些海洋中最大的动物，如蓝鲸、长须鲸和布氏鲸。

什么是须鲸?

鲸可以分为须鲸和齿鲸两类，须鲸与虎鲸和海豚等齿鲸不同，嘴里没有锋利的牙齿，而是有梳齿状的板，能够从海水中过滤食物。这些板被称为鲸须，由角蛋白组成。人的指甲、头发以及犀牛角也是由角蛋白组成的。

鲸须板类似于梳子，中间有缝隙。须鲸张开嘴吞下一大口海水，然后经由鲸须板将水吐出，这样猎物就被截留在鲸须板上。鲸须板的颜色、大小甚至数量都因鲸种类不同而不同。成年座头鲸巨大的上颌长有多达 400 块鲸须板。须鲸的咽喉只有足球那么大，所以无法吞下太大的东西。

许多须鲸都有洄游的习性，它们一年四季徜徉于大海中，在冷水海域觅食，到温暖海域繁殖。

座头鲸像下方图片这样跃出水面，称为“破浪”。它们还会把头部垂直探出水面，这种动作被称为“浮窥”。

座头鲸

学名

Megaptera novaeangliae

分类

哺乳纲，鲸偶蹄目，须鲸科

分布

全球海洋

体形

体长可达 19 米，体重可达 40 吨。雌性座头鲸体形略大于雄性。

扫码看视频

过目难忘

当看到剑鱼，你必定会惊叹不已。但它们不仅有令人印象深刻的外表，还有一些迷人的特质，你了解之后将会更加欣赏它们！

剑鱼的眼睛很特别。首先，它们的眼睛大如网球，可以在近乎黑暗的海洋中层带（又叫暮色带）看清事物。而且剑鱼有自己的加热系统，它们的眼睛旁边有一个特殊的器官，可以给眼睛和大脑“加热”，让它们的温度比环境水温至少高出10摄氏度。这种自我“加热”能力让剑鱼在寒冷水域捕猎时也能保持绝佳的视力和脑力。

剑鱼的背鳍与鼎鼎有名的大白鲨的背鳍很像，它们的背鳍不像旗鱼或金枪鱼的背鳍那样可以折叠。

剑鱼以其剑状的喙而闻名，虽然喙部末端是尖的，但与旗鱼尖尖的喙相比，剑鱼的喙整体比较宽且扁平。

剑鱼在白天可以游至海平面以下 450 米的深海。鱼鳔是特殊的鱼类器官，里面充满空气，可以在不消耗太多能量的情况下快速改变鱼所处的深度。剑鱼有时能下潜到海平面以下 1 000 米乃至更深的深海。而在夜间，剑鱼则游向海面寻找食物。它们以各种鱼类为食，如鲱鱼、灯笼鱼、鲭鱼、鳕鱼、梭鱼、金枪鱼，也吃软体动物，如乌贼和枪乌贼。

水下录像显示，剑鱼用剑形的喙劈向猎物，将较大的猎物切割成更容易吞咽的小块。这种“剑劈”也能使猎物受伤或昏迷，从而更容易被捕获。

剑鱼

剑鱼

学名

Xiphias gladius

分类

硬骨鱼纲，鲈形目，剑鱼科

分布

全球温带和热带海洋

体形

平均体长为 3 米；体重可达 650 千克；雌性剑鱼体形大于雄性。

鲸鲨是世界上体形最大的鱼。
图中，一名潜水员正在使用激光测
距仪对这头鲸鲨进行精确测量。

胃口巨大

作为世界上体形最大的鱼，鲸鲨的胃口很大，为此它们不得不长途跋涉，才能找到充足的食物。研究人员追踪调查发现，一些鲸鲨游走在世界各地，不断寻找食物，行程超过 10 000 千米。

这种身形巨大的鱼是一种滤食动物：它们张开大嘴，吞入大量富含食物的水，然后通过鳃将水排出体外，把食物过滤出来。鲸鲨的食物都很小，包括浮游生物和小型鱼类，它们会被截留在鲸鲨口中的滤板上。在墨西哥附近的海域，每年特定的时间，一些金枪鱼会聚集在这里繁殖，它们产的卵吸引成百上千的鲸鲨前来大饱口福，从而形成世界最大规模的鲸鲨群。

鲸鲨的嘴约有 1.5 米宽，足以让一个 10 岁的孩子横卧其中。

鲸鲨的嘴里有大约 300 排细小的牙齿，但这些牙齿既不能用来撕咬，也不能用来咀嚼食物。

什么是浮游生物？

浮游生物由微小的植物和动物组成，可分为浮游植物和浮游动物。有些浮游生物微小到人类用肉眼都看不到。它们的游泳能力不佳，或者完全不会游动，只能在海洋中漂流。

与陆生植物一样，浮游植物也会进行光合作用。它们吸收阳光，合成生长所需的物质，并产生氧气。事实上，大气中约一半的氧气都来源于浮游植物。为了进行光合作用，浮游植物必须贴近水面，有时会聚集成一大片，从太空中都能看到。

浮游动物包括磷虾、小鱼、水母等。很多海洋动物生命最初都是浮游动物，比如鱼、蟹、贻贝和蛤蜊。浮游生物组成了海洋食物链的基础。浮游动物以浮游植物为食，浮游动物又被更大的捕食者吃掉，从小型鱼类到世界上最大的海洋动物，都以浮游动物为食。

深海幽灵

在深海海底，隐藏着一类幽灵般的小虾——俪虾。它们的家美丽而精致，是一类被称为“维纳斯花篮”的海绵，这类海绵也叫偕老同穴。虽然海绵是相对原始的生物，但偕老同穴具有结构复杂而令人惊叹的网状骨骼，这样的身体构造不仅能用来捕食，还能保护俪虾免受捕食者的伤害。

俪虾幼小时，能通过偕老同穴的小孔进入海绵体内，以偕老同穴吸入的食物颗粒为食，在海绵体内生活、成长，通常一雌一雄生活在一起。

等俪虾长大，无法再通过偕老同穴的小孔离开，它们的家也就变成了“监狱”。成年俪虾在偕老同穴体内繁殖，然后看着后代随水流离家而去，开始属于它们自己的旅程。

虽然俪虾被困在海绵体内，但它们很可能因此而活得更久。

待在海绵腔体里，俪虾得以免受螃蟹和其他捕食者的伤害。

扫码看视频

科学家并不清楚海绵这样简单、原始的生命是如何设计出如此精妙的结构的。

饥饿猎手

这是灰六鳃鲨，它们生活在深海里，是世界上体形最大且力量最强的鲨鱼之一，不过这种鲨鱼很难见到。科学家认为灰六鳃鲨可能是世界上最古老的鲨鱼种类，2 亿年前，它们就生活在海洋之中，那时恐龙尚未出现。

许多鲨鱼只有 5 个鳃裂，而这种鲨鱼却有 6 个鳃裂。

灰六鳃鲨有一双荧光绿或荧光蓝的圆眼睛，在黑暗中会发光。攻击猎物时，它们可以把眼睛缩回眼窝，以免受伤害。

雌性灰六鳃鲨的体形与大白鲨不相上下，巨大的咬合力也与之相仿。它们的上颌布满了尖利的牙齿，可以刺入猎物身体，把猎物紧紧咬住，而下颌则长有锯齿状的牙齿，可用来切割猎物的肉。它们在进食时会左右摇摆，把猎物身上的肉撕咬下来。

灰六鳃鲨的新陈代谢非常缓慢，所以它们进食的频率比很多鲨鱼低，它们甚至可以一年不进食。它们游得也很慢，会在海底泥沙表面缓慢滑行，以节省能量。灰六鳃鲨白天待在深海海底，人们曾在海面下深达 1 350 米处发现过灰六鳃鲨，但在夜晚，它们会到靠近海面的地方觅食。

抹香鲸会互帮互助，它们彼此摩擦身体，以去除脱落的皮肤或体表的藤壶和寄生虫。

极限下潜

尽管海洋哺乳动物一生都在海洋中度过，但它们需要时不时地浮出水面进行呼吸。不过有一些海洋哺乳动物是憋气高手，它们能一口气在水下待一个多小时，其中憋气时间最长的纪录保持者是喙鲸和象海豹。不过，在深潜比赛中独占鳌头的则是抹香鲸。

科学家在抹香鲸背部安装摄像机来追踪它们的活动。摄像机是靠吸盘固定的，不会对鲸造成伤害。摄像机从鲸背上脱落后会漂浮到海面，被科研人员回收并查看其记录的数据。

抹香鲸一次下潜通常历时约 40 分钟，可潜至海面以下约 1 000 米处捕食深海的枪乌贼和鱼类。不过，有些记录表明抹香鲸可以潜水长达 90 分钟。抹香鲸的身体构造使得它们能够承受极强的水压，并且在水下待很久：它们的胸腔和肺可收缩性强；肌肉的储氧能力是人类肌肉的 10 倍多，而且它们可以降低心率以减少耗氧。

抹香鲸头部巨大，呈桶形，里面储藏有鲸蜡。科学家认为，充满鲸蜡的大脑袋可能有助于抹香鲸进行回声定位或者调节浮力。不过，这种推测尚未得到验证。

地球警报

鲸蜡被人类当作珍贵的工业原料，这使得抹香鲸成为人类捕杀的重点对象。在 19 世纪和 20 世纪，抹香鲸的数量减少了一半多。直到 20 世纪 80 年代才有禁令出台，开始禁止捕鲸。人们认为抹香鲸的数量正在缓慢恢复，不过它们现在正面临其他威胁，比如噪声污染干扰“导航”、气候变化导致食物减少、船只撞击或被渔网缠住。

岩池之争

自然界已知的最坚硬的生物材料是什么？不是龟壳，不是鹰爪，不是啄木鸟的头骨，也不是蜘蛛吐出的蛛丝，而是帽贝的牙齿，其硬度是人类牙齿硬度的 14 倍。

帽贝是一种海洋软体动物，壳下长着强有力的腹足，可以像吸盘一样吸附在湿滑的岩石上。水位高时，帽贝四处游走觅食，用齿舌从岩石上刮食海藻；而退潮后，它们会回到原本待的那块石头上。

虽然利用腹足牢牢吸附在岩石上，可以保护帽贝免遭捕食，但帽贝还是有不少天敌，比如龙虾和海鸟。不过它们的厉害程度都不及另一种海贝猎手：巨喉盘鱼。这种鱼又叫吸岩鱼，身体形状像蝌蚪。它们会用嘴咬住帽贝的壳，然后扭动身体，就像拧开瓶盖一样把帽贝从岩石上剥离下来。

扫码看视频

帽贝还有一个可怕的天敌：赭色海星。赭色海星有 5 条腕，用腕腹面伸出的小管足移动。赭色海星捕食帽贝时，会先用身体将帽贝覆盖，然后利用管足末端的吸盘，将帽贝整个翻过来，吃它们的肉。但并不是所有的帽贝都会轻易放弃抵抗。有些帽贝会依靠像裙子一样的外套膜“站”起来，令海星无法包裹自己，从而趁机溜走。此外，有些帽贝还招揽了“房客”——鳞沙蚕，作为终极防御手段，这家伙住在帽贝壳里，会在海星攻击帽贝软体部分时狠咬对方。

北京市版权局著作权合同登记　图字：01-2024-3668

图书在版编目（CIP）数据

蓝色星球. Ⅱ. 自然奇观 /（英）丽莎·里根文；管靖译. -- 北京：科学普及出版社，2025. 1. -- ISBN 978-7-110-10769-0

Ⅰ. P7-49

中国国家版本馆 CIP 数据核字第 20245RF518 号

Picture credits:

Front cover: Fata Morgana by Andrew Marriott;
10 Photograph copyright Chris Fallows;
12 Photograph by Dan Beecham copyright BBC NHU 2017;
18 Photograph copyright Joe Platko;
22 Photograph copyright Jonathan Green;
26, 27 Photograph copyright Espen Rekdal 2017;
30 Photograph copyright Tony Wu;
35main Photograph by Paul Williams copyright BBC NHU 2017;
4 Copyright BBC 2017;
All other images copyright © BBC, 2017
with the exception of the following images which are courtesy of Shutterstock.com:

2 Daniel Huebner; 6 Sergey Uryadnikov; 7r RugliG; 8, 9b Imogen Warren; 9t MZPHOTO.CZ; 17main davidhoffman photography; 20 Joe Fish Flynn; 12t SVITO-Time; 21b Gorb Andrii; 24 Fata Morgana by Andrew Marriott; 25l John Back; 25br Elovich; 32 wildestanimal

蓝色星球II

BLUE PLANET II

危机重重

[英] 丽莎·里根 文　管靖 译

科学普及出版社
·北　京·

美丽的珊瑚礁鱼类正在遭受栖息地破坏和宠物贸易的威胁。图中这些考氏鳍竺鲷现已被列为濒危物种。气候变化、农业废水以及其他污水正在破坏它们栖息的珊瑚礁，它们自身也是水族贸易的目标。

目录

石油泄漏会给野生动物和生态系统带来灾难性的影响，许多动物死于中毒、窒息，以及羽毛、毛皮或内脏受损。

亟待拯救的世界

我们何其有幸，生活在这个神奇的蓝色星球上：这里有美丽的海滩、多彩的珊瑚礁、壮阔的海洋，还有众多迷人的海洋生物。我们向海洋更深处探索，对海洋生物的了解越多，随之而来的责任就越大——我们必须保护与我们共享地球家园的野生生物。

旅游危机

美丽的水下世界是颇受青睐的度假胜地，游客的到来为当地创造了更多的就业机会和财富。但我们必须严格管理此类旅游项目，尊重、善待野生生物，保护好当地的自然环境。

我们已经知道，人类对环境的影响大多是负面的。海洋动植物因人类活动而受到伤害，多种形式的污染，包括噪声、垃圾、污水、人造化学品等，正在扰乱甚至危及它们的生存。

过度捕捞正在掠夺海洋中的生物。拖网渔船破坏海底，其他货船则会与鲸等大型动物相撞。全球变暖使整个生态系统发生翻天覆地的变化，迫使动物改变它们的习惯。亡羊补牢，犹未为晚，我们是时候意识到这些错误了。

彩虹褪色

珊瑚礁是众多生物的家园，是保护海岸线的天然屏障，还为旅游业和渔业创造了就业机会。珊瑚礁本应是色彩缤纷、充满生机和活力的，然而人类活动正对它们的生存造成巨大威胁。

珊瑚礁是如何形成的？

珊瑚是某些单体或群体珊瑚类刺胞动物的通称，有时也指它们的骨骼。珊瑚可以被分为软珊瑚和硬珊瑚，硬珊瑚又分为造礁珊瑚和非造礁珊瑚。珊瑚礁就是由造礁珊瑚形成的。

珊瑚的软体称作珊瑚虫，珊瑚虫是圆筒形的，上端有口，口周围环绕着触手。它们用口摄取食物，也用口排出废物。一些珊瑚虫具有分泌碳酸钙、形成外骨骼的功能，这些坚硬的外骨骼不断在旧骨骼之上堆积，形成珊瑚礁。

珊瑚本身是白色的，赋予珊瑚礁鲜艳色彩的是生活在珊瑚虫体内的单细胞藻类：虫黄藻。虫黄藻与珊瑚虫之间是互利共生关系，虫黄藻为珊瑚虫提供养分，而珊瑚虫为虫黄藻提供住处。

软珊瑚看起来像植物，硬珊瑚看起来像岩石。

珊瑚礁非常脆弱，极易受到过度捕捞、污染和开采等因素的影响。它们对水温变化尤其敏感，水温只要上升1~2摄氏度，虫黄藻就会离去或死亡，使珊瑚礁失去颜色和养分。这就是“珊瑚白化”。

白化的珊瑚并不会立刻死亡，如果水温回到正常水平，它们就可能复原。珊瑚其实很顽强，在经历一次白化后通常能够恢复过来。然而，如果它们频繁经历热浪、气旋等导致的温度变化，可能就回天乏术了。

扫码看视频

惊人的数字

如果把世界上所有的珊瑚礁放在一起，它们的面积也仅仅只占整个海洋的 0.1%。然而，这些珊瑚礁却为四分之一的海洋物种提供了栖息地。

最早的珊瑚出现在5亿多年前。

白天，珊瑚虫从生活在其体内的藻类获取高达 90% 的食物；夜间，珊瑚虫则用自己的触手捕食。

“真”履薄冰

全球变暖不仅影响着热带的珊瑚礁，还影响着北极的冰冻海洋，那里是海象等大型海洋哺乳动物赖以生存的家园。

海象生活在地球最北端的北冰洋。它们有厚厚的皮下脂肪，可以抵御冰冷的海水和零下35摄氏度的低温。不论雌雄，成年海象都长着长长的獠牙，当它们在水下时，可以用獠牙击破冰层来呼吸。

海象90厘米长的獠牙还能用来击退包括北极熊在内的捕食者。尽管如此，北极熊仍是可怕的对手，它们尤其喜欢捕食海象幼崽。有时候，海象妈妈不得不带着幼崽在浮冰上避难。

海象可以用獠牙支撑身体，把自己拉出水面，在海滩或冰面上爬行。

尽管海象已经适应了这样的极地生活，但它们正面临着新的困境。近几十年来，海冰面积急剧减小，而且变得越来越薄。这意味着能供海象避难的浮冰越来越少，它们不得不为一个安全的落脚点展开激烈的竞争，直到北极熊离开，危机解除。

地球警报

北极地区的大部分海冰具有季节性，夏季融化，冬季结冰。全球变暖意味着夏季海冰比以前少得多。如今，这里的夏季气温已达到有记录以来的最高水平，变暖速度是地球上其他地区的两倍多。

珍稀生物

海洋里生活着 7 种龟，其中 6 种属于海龟科，1 种属于棱皮龟科，它们都不同程度地面临灭绝的危险。除了要应对其他生物同样面临的海洋问题的影响，它们还面临着一些独特的困难。

几个世纪以来，海产龟类的肉、皮、美丽的龟壳和唾手可得的龟蛋令猎人趋之若鹜。龟蛋还会受到温度上升的严重影响：龟宝宝的性别是由沙子的温度决定的，温度的异常会导致雌雄比例失调。

在陆地上，棱皮龟很容易成为猎人的目标。当地有关部门鼓励民众帮助保护棱皮龟。

棱皮龟是海产龟类中体形最大的，它们的数量正在锐减。在一些地方，筑巢的雌龟数量减少了超过90%。马来西亚的一片海滩在20世纪60年代曾有3 000多只雌龟产卵，但到了90年代，仅有2~20只雌龟产卵。英国广播公司出品纪录片《蓝色星球Ⅱ》解说员大卫·爱登堡曾来到加勒比海的特立尼达岛，上图就是他在那里了解当地居民如何保护棱皮龟巢穴的场景。

棱皮龟

学名

Dermochelys coriacea

分类

爬行纲，龟鳖目，棱皮龟科

分布

太平洋、大西洋和印度洋的热带海域

体形

体长超过2米；体重超过500千克。

特征

深色、有棱的背部布满白色或粉色的斑点；巨大的前肢可超过2米长。

海产龟类具有重要的文化意义和生态价值。自古以来，它们就在世界各地的神话传说中占有一席之地，现在也吸引着大批游客一睹其风采。海产龟类还维持着海洋生态系统的平衡：它们在海草床和珊瑚礁上觅食，同时也是一些大型捕食者的猎物。

最早的海产龟类出现在约1.1 亿年前。

地球警报

海产龟类一生中的大部分时间都在开阔的海洋中度过，但它们会返回岸边产卵。往返大海和岸边的旅程危险重重，它们必须躲过饥饿的捕食者（例如丽龟需要躲过湾鳄和鲨鱼），还要避开渔网。由于被渔网捕获的龟数量太多，一些地方已经出台法律保护它们，哥斯达黎加的渔民就已被要求使用龟类能从中逃脱的特殊渔网。只要我们持续帮助和保护海产龟类，它们的数量就能逐渐回升。

据科学家估算，海洋中约有171 万亿块塑料碎片。

塑料垃圾

100 多年前，塑料被发明出来，给许多惨遭人类猎杀的生物带来了生存的希望，因为塑料可以作为象牙、龟壳、珊瑚、鳄皮等天然物质的替代品。然而到了 21 世纪，塑料却给生物，尤其是海洋动物，带来了严重的问题。

20 世纪六七十年代，全球海域都被发现有塑料垃圾存在，从那以后，它们的数量急剧增加。海洋中的塑料以各种形态出现，比如废弃的捕鱼设备、包装袋、吸管、瓶子，以及分解后变小很多的塑料颗粒，即“微塑料”。这些微小的颗粒很容易被海洋动物吞食，令它们受伤或生病，甚至死亡。

塑料可能需要数百年甚至更长时间才能完全降解，这意味着它们会在海洋中存在几个世纪，对海洋生物造成极大的伤害。

动物常常会误以为塑料垃圾是食物，毫不犹豫地将它们吃掉。有些动物因此窒息而死，有些溺水而亡，还有些因为塑料充塞胃部产生的饱腹错觉而活活饿死。

海洋中最常见的塑料垃圾有食品包装袋、手提袋、吸管和饮料瓶。

衰败没落

海獭看起来活泼、聪明、可爱，十分招人喜欢。但在18—20世纪，人类为了获取它们的毛皮，几乎将它们猎杀殆尽。海獭通常被认为是世界上毛发最密的动物，每平方厘米皮肤上长有10万~15万根毛发，这个密度约是人类头皮上生长的头发的700倍。

过去，大量的海獭因其致密的毛皮而遭人类捕杀，到20世纪时，只剩下不到2 000只。如今，法律禁止猎杀海獭，它们的数量才开始增长，但仍然很容易受到疾病和寄生虫的困扰，还可能被船只撞击或被捕鱼装置困住。

海獭极少离开水，它们非常容易受石油泄漏等污染的影响。

海獭还面临着一种新的威胁，这种威胁与人类的干预有关。过度捕捞使鳕鱼等鱼类的数量减少，以鳕鱼为重要食物来源的海豹、海狮等大型海洋哺乳动物的数量也随之减少，因此，以这些哺乳动物为食的虎鲸不得不转而寻找其他食物，比如海獭。对虎鲸这样庞大的捕食者而言，一只海獭还不够塞牙缝的，然而，这却导致北部的海獭数量再度减少。

海獭

学名

Enhydra lutris

分类

哺乳纲，食肉目，鼬科

分布

北美洲和亚洲的太平洋沿岸

体形

成年海獭体长 1 ~ 1.5 米；雄性体形比雌性大；在美国，生活在阿拉斯加州海岸的海獭体形比生活在加利福尼亚州海岸的海獭大。

特征

身体细长，后肢趾间有蹼；潜水时，鼻孔和耳朵可以闭合，以免进水。

藻林之危

海胆贪食海藻，要是不加以控制，它们能吃光整片海藻林。而海獭捕食海胆，生活在北美洲西海岸的海獭通过控制海胆的数量，保护着那里的海藻林。图中这片海藻林是健康的，但很多地方的海藻林并非如此。

海藻属于藻类，但它们长得像植物，高高的“茎”上长有“叶片”。它们通过被称为“固着器”的根状结构附着在海底，形成海藻林，为成千上万的物种提供家园。下图中的巨藻是世界上已知最大的褐藻。

扫码看视频

大南礁是位于澳大利亚南部的珊瑚礁系统，起于大陆东部的布里斯班，沿澳大利亚大陆向南延伸并环绕塔斯马尼亚岛，再向西延伸到大陆西部，绵延 2 300 千米。它由岩礁和海藻林组成，为种类繁多的生物提供了家园。但大南礁现状堪忧，甚至正走向消亡。除了海胆的侵袭，海水温度升高也会导致海藻林面积迅速减少。据科学家计算，这里现有的海藻林面积已不足原来的 5%。

海藻的生长速度快得惊人，而且能长得非常大，有些种类甚至能长到 45 米高。在理想条件下，它们的“叶片”可以在一天之内生长 60 厘米。

地球警报

海藻为我们面临的一些气候问题提供了可能的解决方案。海藻生长速度非常快，因此与生长缓慢的植物相比，它们吸收二氧化碳的效率更高。当海藻死亡并沉入海底时，它们体内的碳也随之被封存起来，可长达数百万年之久。

扁头哈那鲨

学名

Notorynchus cepedianus

分类

软骨鱼纲，六鳃鲨目，六鳃鲨科

分布

太平洋和大西洋南部的温带浅水区

体形

体长可达 3 米；体重约 100 千克。

特征

头宽，吻部短钝，眼睛小。

南非海岸附近的海藻林中生活着很多种鲨鱼，扁头哈那鲨是其中之一，它们被列为易危物种。

疲于远飞

海鹦、海鸽等海鸟会大量聚集在悬崖上，这里远离潜在的捕食者，所以它们在这里筑巢和哺育雏鸟。这里也曾是它们捕鱼的主要地点，但如今对许多鸟类来说已不再如此。

海鹦和海鸽一年中的大部分时间都生活在开阔的海洋，捕食鱼类和甲壳动物。它们只有在繁殖季节才来到陆地上。雏鸟孵化出来后，亲鸟就要飞去寻找食物，再小心翼翼地带回来喂给雏鸟。为了让雏鸟茁壮成长，亲鸟必须日复一日地辛苦觅食。

然而，如今海鸟亲鸟觅食的旅途比过去长得多。人们观察到，为了找到食物，它们每天要往返 100 多千米。有两个原因导致亲鸟觅食时不得不飞得更远。首先，过度捕捞已经耗尽了近海的鱼类资源。其次，在海鸟食物中占很大比例的玉筋鱼和毛鳞鱼，也已移动到了离海鸟繁殖地相当远的地方。这些小鱼之所以移动，是为了追随它们的食物——浮游动物。随着海洋温度的升高，浮游动物被迫去往更凉爽的水域。

有时，亲鸟要飞三个小时才能为雏鸟带回食物。

意外落网

对脆弱的海洋动物来说，被渔网和渔线缠住是巨大的灾难，鲨鱼、海龟、海鸟、海豹等动物都深受其害。误捕被认为是世界范围内鲸豚类动物的头号杀手。

每一天都有数千千米带着鱼钩的渔网和渔线被布设在海洋中。这些渔网巨大无比，捕鱼量多达数百吨。

许多被意外捕获的动物会被直接扔掉，它们有的已经死去，有的奄奄一息。被渔网和渔线缠住的动物可能无法呼吸、身受重伤，最终丧命。这也是令渔民十分头疼的问题，因为他们的本意并非捕捉这些濒危的动物。

每年的特定时节，都有大量的鲱鱼聚集在挪威海岸附近。这不仅吸引拖网渔船纷纷前来捕捞，还引来了喜食鲱鱼的虎鲸群。虎鲸知道会有漏网之鱼，它们毫不费力就能吃上一顿美味的快餐。但随之而来的问题是，虎鲸也会被渔网缠住，这让虎鲸和渔民都很苦恼。

聪明的虎鲸聚集在渔船周围，等待渔船撒网。

鲱鱼复兴

大西洋东北部鲱鱼的多寡是人类干预改变动物命运的典型例子。20 世纪 70 年代，过度捕捞使那里的鲱鱼几乎绝迹。随后，人类在挪威海域展开行动，拯救鲱鱼。鲱鱼受到保护后，数量不断增加，再次兴旺起来。现在，人们以可持续的方式捕捞鲱鱼，鲱鱼的数量得以保持在健康水平。

扫码看视频

KILDIN
PETREL
KILDIN
F·66·BD

鲨鱼受难

世界上有400多种鲨鱼，再加上它们的“近亲”鳐鱼，总数超过1 000种。科学家对于世界范围内鲨鱼和鳐鱼数量的减少极为担忧，他们担心其中许多物种已经濒临灭绝。

据动物保护专家计算，世界上至少三分之一的鲨鱼和鳐鱼面临着灭绝的风险。

这些神奇的生物面临的最大威胁来自人类的捕捞。有些种类因为鳍而被人类捕杀，它们的鳍被割下来制作鱼翅汤；还有一些种类遭到捕杀是因为人类想要它们的肉、肝油、皮肤、牙齿、下颌和软骨。此外，鲨鱼还可能被意图捕捞其他鱼类的渔网误捕。

鲨鱼的繁殖速度通常较慢，而且要到好几岁大时才开始繁殖。与其他鱼类相比，它们一次产下的仔鱼数量也较少。因此，它们如果被不断捕捞，就很难维持健康的数量。

鲨鱼数量减少会对整个生态系统产生影响。很多鲨鱼处于食物链顶端，有助于控制其他鱼类的数量，进而控制海鸟和哺乳动物的数量，还能帮助维持珊瑚礁的健康。

好消息是，如果我们能增加保护区和受保护物种的数量，鲨鱼和鳐鱼的数量就能回升。法属波利尼西亚的渔民一直尊重和保护钝吻真鲨。这种鲨鱼会成百上千地聚集在当地海域，以产卵的石斑鱼为食。渔民有节制地捕捞石斑鱼，既保证了鲨鱼也能吃到足够多的石斑鱼，又使石斑鱼数量维持在可持续水平。从这种思虑周全的捕鱼方式中汲取经验，我们或许也能保护其他物种，保护我们的海洋。

永不言弃

了解受到威胁的生物和它们面临的问题后，我们或许会感到绝望。既然现状已经如此糟糕，那么是否还有必要做出改变来拯救我们的地球呢？答案当然是“是的”！已经有成功的事例证明，目前的问题是可以解决的，令人担忧的趋势也是可以扭转的。

过去，人们猎杀象海豹来获取它们的脂肪，加工成机器润滑油和灯油。

如今，象海豹受到美国《海洋哺乳动物保护法》的全面保护，这一法案禁止对所有海洋哺乳动物实施狩猎、捕捉、骚扰和杀害的行为。

北象海豹就是一个成功的例子。19 世纪，商业性捕猎使北象海豹数量锐减，它们一度濒临灭绝。到 19 世纪 90 年代初，仅剩一个由约 100 只北象海豹组成的海豹群，而这个位于墨西哥的海豹群成了整个物种复兴的基础。

20 世纪 20 年代，墨西哥政府和美国政府对北象海豹实行保护措施，使它们的数量稳步增长。现在，在北美洲太平洋沿岸的很多地方都能发现它们的踪迹，多达 15 万只成年北象海豹在这里繁衍生息。

黄鳍金枪鱼因可用来制作寿司和生鱼片而受到青睐。

最佳操作

只要法规合理并落实到位，即便人口不断增长，所需的捕鱼量也能在可持续的前提下得到满足。配额捕捞制度有助于维持捕捞鱼量与剩余可繁殖鱼量之间的平衡，从而使未来鱼类数量保持在健康水平。

金枪鱼体形庞大，分布广泛，是极为重要的经济鱼类。它们可以全年繁殖，而且繁殖迅速。金枪鱼有很多种，其中一些曾因过度捕捞而濒临灭绝。有些种类现在仍处于濒危或易危状态，有些种类则已出现从威胁中恢复的迹象。

黄鳍金枪鱼

学名

Thunnus albacares

分类

硬骨鱼纲，鲈形目，鲭科

分布

全球热带和温带水域

体形

平均体长 2.4 米；体重 180 千克。

特征

长有新月形的尾鳍，黄色的背鳍、臀鳍和小鳍。

最常被捕捞的金枪鱼有鲣鱼、大眼金枪鱼和长鳍金枪鱼。

北京市版权局著作权合同登记　图字：01-2024-3668

图书在版编目（CIP）数据

蓝色星球．Ⅱ．危机重重 /（英）丽莎・里根文；管靖译．-- 北京：科学普及出版社，2025. 1. -- ISBN 978-7-110-10769-0

Ⅰ. P7-49

中国国家版本馆 CIP 数据核字第 2024ED8934 号

Picture credits: